안전하고 똑똑한
미래
해양도시

안전하고 똑똑한 미래 해양도시

초판 1쇄 발행일 2021년 11월 30일

지은이 이주아
펴낸이 이원중

펴낸곳 지성사 **출판등록일** 1993년 12월 9일 **등록번호** 제10−916호
주소 (03458) 서울시 은평구 진흥로 68, 2층
전화 (02) 335−5494 **팩스** (02) 335−5496
홈페이지 www.jisungsa.co.kr **이메일** jisungsa@hanmail.net

ⓒ 이주아, 2021

ISBN 978−89−7889−478−4 (04400)
ISBN 978−89−7889−168−4 (세트)

잘못된 책은 바꾸어드립니다. 책값은 뒤표지에 있습니다.

안전하고 똑똑한
미래
해양도시

이주아
지음

지성사

　인류 문명은 물을 다루는 역사에서 출발하였습니다. 황하문명·인더스문명·메소포타미아문명·이집트문명은 바다 가까이에 있는 큰 강에서 싹이 텄습니다. 큰 강 하류의 땅인 퇴적층에서 농사를 지으면 수확이 좋다는 것을 깨달은 인류가 물을 다스리며 그곳에 모여 산 결과입니다. 사람들은 둑을 쌓아서 좋은 땅을 보전하고, 높은 생산성을 바탕으로 지배력을 키워 문명을 형성하였습니다.

　중국과 우리나라에서 최고의 우두머리를 이르는 '황제(皇帝)'는 전설의 황제들인 '삼황오제(三皇五帝)'에서 비롯된 말입니다. 이들로부터 중국의 역사가 시작되었다는 이야기 속에도 홍수로 골머리를 앓았던 흔적이 있습니다.

삼황오제의 마지막 황세인 요(堯)임금은 자기의 친아들을 제쳐두고 치수(治水)로 공을 세운 우(禹)를 후계자로 세웠습니다. 이처럼 홍수를 다스리는 것은 임금의 필수 덕목이었으니 물을 다스리는 학문은 제왕(帝王)의 학문이라 할 것입니다.

한국의 역사도 예외가 아니어서 고구려의 평양성은 대동강을, 백제의 한성·웅진·사비성은 각각 한강과 금강을, 신라의 경주는 형산강을 끼고 발달하였습니다. 그 후의 역사를 보아도 한강을 다스린 정치세력이 한반도 역사의 주인공이 되었다는 것을 잘 알 수 있습니다.

기술이 발전한 오늘날이라고 해서 물이 중요하지 않은 것이 아닙니다. 새로운 도시를 개발할 때에도 가장 먼저 지형을 고려하여 집중적으로 비가 내릴 때 물이 잘 빠지도록 해야 합니다. 수도권에 사는 인구는 대략 3000만 명인데 매일 이들이 마실 물을 위해 팔당댐에서 하루 200만 톤이 넘는 물을 끌어오고, 그것으로도 모자라서 소양강댐과 충주댐에서도 물을 공급받습니다.

물은 강물만 있는 것이 아닙니다. 땅의 겉면을 흐르는

지표수는 지구상에 존재하는 물의 1퍼센트에도 해당되지 않습니다. 지구에 있는 물의 대부분은 바다에 존재합니다. 육지보다 훨씬 큰 바다는 인류가 정복하기에 정말 어려운 대상이었습니다. 강 하류와 바다가 만나는 지점인 강 하구(河口)에는 양분이 많아서 물고기 따위의 어족 자원이 풍부합니다. 그래서 물고기를 잡아 생계를 이어가는 사람들의 생활공간이기도 하지만, 밀물 때는 바닷물이 밀려들어 농사에는 적합하지 않은 곳이었습니다.

이렇듯 해양 주변은 많은 인구를 부양할 수 있는 쌀농사가 불가능하기 때문에 사람들이 모여 살기 힘든 환경이었습니다. 우리나라의 수도권에서 예를 찾자면 인천이나 평택 등을 들 수 있습니다.

넓지만 그다지 쓸모 있는 땅이 아니었던 바닷가에 인류가 관심을 두기 시작한 것은 무역을 위한 대항해시대가 열리면서부터였습니다. 산업혁명으로 증기선이 발달하여 먼 바다로 항해를 할 수 있었을 때부터라고 할 수 있습니다. 그러한 시대의 초기에도 주된 항구는 바다가 아니라 강의 하류 지점에 있었습니다. 바다와 인접한 해변을 직접 활용하는 것은 아니었다는 말이지요.

그러다가 20세기 들어 과학기술이 더욱 발달하면서 배의 크기가 수십만 톤에 이를 정도로 커지자 바다에 항구를 만들기 시작하였습니다. 이제 거꾸로 강에 건설된 정박 시설은 버려지게 되었습니다. 훗날 영국은 이 시설을 재생하여 유명한 도크랜드(Dockland)를 건설합니다.

도시화와 산업화 과정에서 변두리로 남아 있던 강 주변은 수변공간에 대한 관심이 커지면서 이용이 활발해졌습니다. 또한 해양과 접한 해변공간에도 주의를 기울이면서 이를 활용하고자 하는 노력이 계속되었습니다. 바다를 매립하여 건설한 부산 해운대 마린시티나 인천 송도신도시 등이 훌륭한 바다 조망을 바탕으로 한 새로운 주거지로 각광 받는 것은 그 증거라 할 수 있습니다. 홍콩이나 마카오, 중국 상하이, 미국 맨해튼의 고층 빌딩들은 모두 바다 조망을 활용한 사례들입니다.

최근 우리나라에서도 부산 지역에 바다와 맞닿은 북항을 재개발하여 해양과 교류하는 새로운 도시를 만들고 있습니다. 국토 면적이 좁아 제방으로 간척지를 만들어온 네덜란드의 사례나 새만금, 아산만 방조제 건설을 통해 땅을 넓힌 한국의 사례는 해변공간을 활용하기 위한 노력이 예전부터 있었다는 것을 보여줍니다.

이렇게 인류가 바다를 본격적으로 활용한 것은 그리 오래되지 않았습니다. 그러나 대자연의 강력한 힘 앞에서 인간은 속수무책일 수밖에 없습니다. 2011년 일본의 도호쿠[東北] 지방 해저 대지진(후쿠시마 쓰나미)이나, 2004년 인도양 지진해일로 수십만 명이 목숨을 잃은 사례에서 볼 수 있듯이 바다와 해변공간을 이용하고자 하는 인간의 욕망은 갑작스러운 재난 앞에서는 어떠한 인공구조물도 무용지물임을 경험하게 됩니다.

해변공간은 해상교통과 육상교통을 연결하고, 해양레저·관광, 해안 경관과 같이 인간에게 다양한 즐거움을 주는 등 미래에는 그 중요성과 가치가 더 높아질 것입니다. 하지만 기후변화로 해수면이 상승하고, 슈퍼태풍이 발생하는 등 해양환경의 변화는 날로 심해지고 있습니다. 따라서 해변공간을 잘 활용하려면 안전이 바탕이 되어야 하며, 이를 위한 해양과학기술의 개발이 매우 중요하다고 할 수 있습니다.

이 책은 우리 인류가 안전하고 즐겁게 생활할 수 있는 해변공간을 창출하고자 해양도시의 위험 요소와 이러한 위험 요소들을 어떻게 극복해야 할지에 대한 내용을 담고 있습니다. 우리가 살아가야 할 해변공간의 중요성과 재해로 인한 위험성 그리고 이를 이겨내기 위해 해결해야 할 과제와 노력에 공감할 수 있기를 기대합니다.

01
바닷가에서 살기 위한
인간의 노력

물과 문명의 시작

　　　　학창 시절, 우리는 인류 문명이 '신
과 함께'가 아닌 '물과 함께' 시작되었음을 배웠다. 세계 4
대 문명은 물을 다루는 것에서 출발하였다. 황하문명, 인
더스문명, 메소포타미아문명, 이집트문명은 큰 강 하류의
퇴적층에서 농사가 잘된다는 것을 깨달은 인류가 정착하
면서 시작된 문명이다. 강을 다스리기 위해 둑을 쌓고, 질
좋은 땅을 보전하였으며, 높은 생산성으로 인해 남은 농
산물로 주변 지역에 대한 지배력을 강화하면서 국가와 문
명이 시작된 것이다.

예부터 사람들이 물 주변에 살게 된 이유는 간단하다. 첫 번째는 식수 때문이고, 두 번째는 농사와 농업용수를 확보하기 위해서일 것이다. 사람은 물을 마셔야 생명을 유지할 수 있고, 경제생활에서도 물은 필수적이다. 농사를 짓기 위해서는 농업용수가 지속적으로 공급되어야 하며, 강 하류일수록 토지가 비옥해 이런 곳은 사람들이 살기에 가장 적합한 환경이었다.

초기 인류의 생활을 상상해 보면 처음에는 적은 인원이 물 옆에 모여 살았을 것이다. 특히 농업이 발달하지 않았을 때는 그냥 강 옆에 사는 것만으로도 충분했다. 그러나 점점 사람들의 수가 늘어나면서 물의 관리에 대한 중요성이 커지게 되었다.

물은 평소에는 관리하기가 어렵지 않지만, 큰비가 내리면 강이 범람해 사람의 목숨이 위협당하거나 일 년 동안 공들인 농작물이 휩쓸려 가는 상황이 발생하기도 한다. 이러한 일을 겪으며 사람들은 물 관리, 이른바 '치수(治水) 사업'이라는 것을 고민하기 시작했다.

강과 같은 거대한 자연을 관리하기 위해서는 많은 사람과 기술이 필요하다. 그 때문에 유능한 사람들은 수년간 날씨의 변화를 관찰하면서 비가 오는 시기에 따라 적절한 대처 방법을 알아냈을 것이고, 제방 등을 쌓기 위해 집단을 형성했을 것이다. 이러한 집단이 물을 관리하고 주변 지역에 대한 지배력을 높여가면서 점차 규모가 커져 국가로 발전하게 된 것이 문명의 시작이라 할 수 있다.

중국 고대 전설을 보면 황제의 주요 업적으로 물 관리, 곧 치수 사업을 꼽는데 이렇게 물 관리는 한 국가의 운명을 결정할 만큼 큰 과제였다. 반대로 물 관리를 잘하지 못하면 왕이나 지도자가 교체되기도 했다. 전설 속 고대 왕국을 다스린 순임금이나, 중국 역사에 기록된 최초의 왕국인 하(夏)나라의 우왕(禹王) 등은 모두 치수 사업을 잘했던 사람들이다. 이들은 혈연관계가 없음에도 불구하고 치수 능력 덕분에 권력의 정점에 올랐다.

한국의 역사도 크게 다를 것이 없다.『삼국유사』에 나오는 단군 이야기를 보면, 환웅이 풍백(風伯), 우사(雨師), 운사(雲師)와 함께 3000명의 사람들을 거느리고 태백산 정상의 신단수(神壇樹) 아래로 내려왔다고 전해진다. 바람과 비, 구름을 다스리는 세 신 모두 물과 관련되어 있다는 데서 알 수 있듯이, 물을 다스리는 것은 그만큼 중요한 일이었다.

우리 역사 속의 국가들도 큰 강 유역에 있었다. 고구려의 평양성은 대동강, 백제의 한성·웅진·사비성은 한강과 금강, 신라의 경주는 형산강을 끼고 발달하였는데, 한반도에서 가장 큰 강이라 할 수 있는 한강을 지배한 자는 결국 역사의 승자가 되었다.

큰 강 하류는 왜 농사짓기에 좋을까? 큰 강 주변은 상류에서 나뭇잎 등의 유기물이 풍부하게 떠내려와 쌓여 토질이 비옥하고, 지형도 평탄하여 농사에 유리하다. 농업용수나 식수를 확보하기도 수월하며, 강이 느리게 흐르면서 수량도 풍부해 상류보다 물고기를 잡기에도 좋다.

물이 모인다는 것은 평탄한 지형으로 여러 개의 물줄기가 합쳐진다는 말이다. 사람들은 예전부터 배를 타고 길을 떠나기도 했으니 여러 강이 합쳐진다는 말은 교통로가 모이는 것이라 할 수 있다. 따라서 사람이 오가거나 물건을 운반하는 데 편리하여 시장이 발달하고, 경제나 문화가 발전하기 좋다. 전쟁이 벌어져도 적보다 빨리 움직일 수 있다. 이렇게 큰 강 주변을 차지하면 주변 지역을 쉽게 통제할 수 있다.

현대라고 해서 물의 중요성이 낮아진 게 아니다. 과학 기술이 발달해 큰 강 근처에 살지 않아도 식수가 부족할 일이 없고, 배를 타지 않아도 교통은 충분히 편리하다고 생각할 수 있지만 실제로는 그렇지 않다.

가령 식수 문제부터 생각해 보자. 우리나라 수도권에 거주하는 사람은 약 3000만 명이 넘는다. 이 거대한 인구가 모여 살 수 있으려면 가장 필수적인 것이 물이다. 사람 한 명이 하루 동안 사용하는 수돗물의 양을 약 200리터로 가정하면 수도권 인구 3000만 명의 사용량은 약 600만 톤이 된다. 매일 수돗물이 600만 톤씩 공급되지 않으면 수도권에서 사람이 살기란 쉽지 않다는 말이다.

이 수치가 잘 짐작이 안 된다면, 수도권에서 가장 큰 팔당댐을 상상해 보면 된다. 팔당댐은 약 2억 4000만 톤의 물을 가두고 있다. 엄청난 양이지만 수도권 인구 전체가 40일 정도밖에 쓸 수 없는 양이다. 이는 식수와 생활용수만을 단순하게 따져 계산한 것이다.

우리나라는 산업과 제조업이 발달해 있다. 예전에는 농업용수만 필요했다면, 현대에는 산업에 써야 하는 공업용수도 상당량 필요하다. 우리나라의 대표 산업인 반도체 산업에서는 반도체 공정 중에 나오는 부산물과 오염물을 세척하거나 냉각하는 데 물이 필요하며, 의료 제약 산업이나 화학 분야에서도 물이 많이 필요하다. 그뿐만 아니라 전기를 생산하는 발전 산업에서도 용수가 필요하다. 산업의 종류와 규모에 비례해 공업용수가 필요하다고 생각하면 된다.

과거에 비해 논밭이 많이 줄었지만 쌀을 주식으로 하는 우리나라에서는 농업도 배제할 수 없다. 우리나라 수자원 사용량 통계자료를 보면 농업용수가 가장 많고 생활용수, 공업용수 순이다. 따라서 여기에 사용되는 물의 양은 하나의 댐만으로는 해결할 수 없는 문제라는 것을 알 수 있다. 수도권의 충분한 물 공급을 위해 저수량이 훨씬 큰 충주댐이나 소양강댐 등에서도 물을 끌어다 쓰고 있다.

많은 사람이 모여 살면서 경제발전을 이루려면 물을 잘 관리하여 원활히 공급하는 것이 중요하다. 중국에는 큰 강인 황하강(황허강)과 양자강(양쯔강)이 있지만, 1980년대 이전에는 내륙과 해안에 인구가 골고루 퍼져 있었다. 그러다가 댐의 건설과 함께 동부 해안권역에 사람들이 모여들

게 되었고, 점차 경제가 발전하면서 대도시로 성장하였다.

일본도 마찬가지다. 오사카가 비약적으로 발전하게 된 것은 '비와호'라는 275억 톤의 담수호가 있었기 때문이다. 오사카는 역사적으로나 전통적으로 일본의 중심부 역할을 하였는데, 특히 강 하류 중앙에 수로를 파서 배의 교통로로 이용했다. 물류 교통의 효율성이 전국을 지배하는 데 유리하기에 이를 활용해 수도 역할을 하고자 한 것이다. 오사카는 '나니와의 808 다리'라는 말이 있을 정도로 중심부에 셀 수 없이 많은 수로와 교량이 있었다.

일본의 도쿄 지방은 16세기 이전에는 사람이 거의 살지 않고 홍수가 빈번하며 갈대만 무성했던 지역이었으나, 에도막부를 연 도쿠가와 이에야스의 대대적인 치수 사업으로 도네강[利根川]의 물줄기가 바뀌면서 옥토로 변했다. 여기에 임진왜란 이후 급속한 경제적 성장을 이루면서 지금까지 일본을 이끄는 수도 지역으로 자리매김하였다.

이 치수 사업은 일본의 중심을 과거 오사카 지역(관서 지방)에서 도쿄 지역(관동 지방)으로 옮긴 원동력이 되었고, 나중에 미국에 의해 불평등조약을 맺고 개항함으로써 도쿄가 일본의 수도로 유지되게 하였다.

또 다른 예로 일본 규슈섬의 큰 도시인 후쿠오카는 지형과 지세 문제로 큰 강이 없었고, 항상 물 부족 문제를 겪었다. 지금은 해수를 담수화하여 사용하고 있지만, 여전히 식수 공급에 한계가 있어 도시가 성장하고 발전하는 데 어려움이 있다.

물을 다스리는 노력 : 운하와 팍스 시니카

물을 다스려 부강함을 이룬 예는 이웃 나라 중국에서 찾을 수 있다. 원래 중국 황하강의 '하'와 양자강의 '강'은 둘 다 일반명사가 아닌 고유명사였다. 두 강을 부르던 고유명사인 하(河)와 강(江)이 각각 일반명사가 되었다는 것은 중국 역사에서 두 강이 차지하는 위상을 잘 말해준다.

중국 역대 왕조의 큰 임무 중 하나가 바로 황하강의 치수 사업이었다. 삼국시대 오나라와 남북조시대를 거치면서 양자강 남쪽 지역의 생산력이 비약적으로 커졌는데, 이 풍부한 생산력을 하남 지역(낙양 등 황하강의 남쪽으로 이른바 중원中原 지역, 중국의 정치적 중심지)으로 연결하는 것이 가장 큰 고민이었다.

황하강 북쪽인 당시 하북(河北) 지역은 물에 섞인 풍부한 유기물 덕분에 농사는 잘되었지만 워낙 진흙을 많이 포함하고 있어 수시로 강의 흐름이 막혔다. 게다가 집중적으로 비가 내릴 때는 홍수도 자주 발생하여 강의 흐름이 바뀌는 경우도 많았다. 그에 반해 양자강은 수량도 풍부하고, 주변 지역의 농사도 잘되는 등 농산물을 안정적으로 수급할 수 있었다.

이 양자강 주변 지역은 남북조시대(420~589년)를 지나면서 생산력이 비약적으로 높아진다. 이민족의 침공으로 북쪽에 살던 한족들이 남부지방으로 대거 이주하여 먹고 살 땅을 개척하기 시작한 것이다. 이로 인해 북조(주로 이민족이 침입하여 양자강 북쪽에 세운 왕조)는 군사력이 앞서 있었음에도 경제력에서는 남조(한족이 이민족에 밀려 양자강 이남에 세운 왕조)에 뒤처졌다. 그 이유는 양자강 때문이었다.

수나라를 세운 수문제가 남북을 연결하는 대운하를 구상하게 된 까닭도 이런 경제적 이유가 컸다. 수문제는 비용 문제와 백성들의 안위를 걱정하여 대운하 건설을 중단했으나, 그 아들 수양제가 즉위하면서 다시 건설을 강행하였다.

　대운하는 낙양(뤄양)과 개봉(카이펑)을 연결하는 구간, 개봉과 북경(베이징)을 연결하는 군사용 구간으로 건설되었다. 연간 1억 5000만 명이 동원되었고, 약 8년 만에 공사를 마쳤다. 수나라는 이렇게 대규모 공사를 하는 동시에 무리한 고구려 원정을 감행하여 여러 지역에서 반란이 일어났고, 결국 멸망했다.

　수나라를 계승한 당나라는 대운하를 이용해 남쪽의 풍부한 경제력을 손쉽게 북쪽으로 이동시켰다. 특히 조세를 효율적으로 걷으면서 나라가 부강해졌는데, 이를 통해 당시 세계 최고의 강국을 건설한다. 운하의 건설 효과는 이후 송나라로도 이어졌고, 송나라의 경제력 역시 '팍스 시니카(Pax Sinica; 라틴어로 중국의 힘에 의한 평화라는 뜻)'라는 말이 어울릴 정도로 매우 커졌다.

　이 수당(隋唐) 대운하는 송나라가 여진족(금나라)에게 패하여 정부가 남쪽으로 후퇴하면서 시설이 모두 파괴될 때까지 그 기능을 다하였다. 수나라가 완공한 당송시대 대운하는 갑문(閘門; 물 높이가 다른 지점에서 선박이 통과할 수 있도록 물 높이의 높낮이를 조절하는 장치) 개발 등 기능을 보완해 나가면서 중국 강남지방의 경제를 화북지방과 연결하는 데 큰 역할을 하였다.

훗날 당송시대를 지나 요나라(남경)-금나라(연경)-원나라(대도)-명나라(북경)로 중국의 주인이 바뀌는데, 이 왕조들은 현재의 북경 지역을 중요하게 여겼다. 이에 원나라에서 명나라 대에 이르기까지 항주(항저우)와 북경을 직접 연결하는 운하(경항대운하)를 새로 건설하였고, 이를 충실하게 활용하면서 중국은 또 한 번 비약적인 경제 발전을 이룬다.

명나라를 이은 청나라는 티베트, 위구르, 몽골을 모두 정복해 그 영역을 세 배 이상 확장하고, 오늘날 중국 영토의 원형을 만들어내며 원나라 이후 중국 왕조 역사상 가장 넓은 영토를 개척한다.

청나라는 17~18세기에 세 명의 황제인 강희제, 옹정제, 건륭제의 통치가 이어지면서 약 200년간 왕조가 지속되는데, 이들의 훌륭한 통치 밑바탕에는 운하가 있다. 남북을 잇는 운하로 인해 중국 경제가 크게 발전하고, 온 나라로까지 그 힘이 미치면서 전국이 골고루 잘사는 균형발전을 이룬 덕분이다. 당시 18세기의 최강국이고, 세계 경제 GDP 40퍼센트의 비중과 무역흑자의 44퍼센트를 흡수했다고 추정되는 청나라의 부국강병 이면에는 남북 대운하가 있었던 것이다.

물과 감염병
그리고 하수도

물 이야기를 하면서 하수도를 빼놓을 수 없다. 하수도란 가정오수, 공장폐수, 빗물, 지하수 등 여러 곳에서 배출된 오수(汚水; 오염된 물)나 우수(雨水; 빗물)를 모아 깨끗하게 정화한 다음 강이나 바다로 배출하는 시설물을 말한다.

하수처리와 배수가 잘 이루어지지 않으면 감염병이 생기거나, 생활환경에 문제를 일으키므로 도시위생에 매우 중요한 기능을 한다. 하지만 하수도라는 개념이 생긴 지는 그리 오래되지 않았다.

18세기 이전에는 사용한 물을 처리하는 문제에 대해 아무런 고민이 없었다. 그러나 산업혁명 후 과거에 볼 수 없었던 수준으로 도시에 인구가 밀집하면서 도시위생에 많은 문제가 발생했다. 18세기 영국 런던은 대부분 우물을 식수로 사용하고 있었고, 하수도라는 개념이 아예 없었다. 그러다가 산업혁명 시기를 맞아 공장에서 일자리를 구하려는 인력이 모이면서 런던 인구는 폭발적으로 증가했다. 아울러 운송수단도 비약적으로 발전을 이루어 지역간 원거리 이동을 증기기관차로 해결했다.

그러나 기차역까지 물건을 싣고 가는 수단은 여전히 인력과 마차였다. 따라서 말이 급증하는 것도 필연적이었다. 하수도나 공중화장실 개념이 없던 시대였으니, 길에는 말이나 사람의 배설물이 처리되지 않은 채로 쌓였고, 이로 인한 악취가 심했다. 더 심각한 것은 비가 오면 이런 오염물이 그대로 지하수로 스며들거나, 템스강으로 흘러들어 갔다는 사실이다.

그러던 중 알 수 없는 감염병(지금의 콜레라)으로 많은 사람이 죽는 일이 일어났다. 젊은 의사 존 스노(John Snow)는 감염병 발병지역을 지도에 표시하기 시작했고, 특정지역 주변에 환자가 많이 생겨나는 것을 알게 되었다. 이에 감염병의 원인이 우물물에 있다고 주장하며 공동 우물을 폐쇄하여 감염병 발생자가 급격히 감소함을 역학조사를 통해 밝혀냈다. 이른바 수인성 감염병의 발견이었다.

런던시 당국은 감염병의 원인 발견(1854년)과 거의 동시에 발생한 런던 대악취 사건(1858년)으로 1865년 도시 전체에 하수도 시설을 건설하기로 결정한다. 사실 런던 대악취 사건은 템스강 오염으로 발생한 것이어서 우물 오염과는 관계가 없었지만, 이 사건을 계기로 런던은 하수도 시설을 만들고 이로써 상수도 오염 문제도 어느 정도 해결할 수 있었다.

하지만 19세기 중반에는 세균에 대한 것을 제대로 밝혀낼 장비가 없었고(당시는 17세기에 발명된 현미경으로 세균의 존재는 알고 있었으나 일부 세균이 병원균의 역할을 한다는 사실은 잘 알려지지 않았다), 따라서 감염병 문제를 완전히 해결하지 못했다. 이후 하수도를 건설하고 물의 염소 소독 방법을 개발하는 한편, 식수는 반드시 끓여 먹을 것을 권장하면서 감염병은 점차 줄어들었다.

바다로 바다로, 대항해시대

강이나 바다는 중요한 교통로이다. 그러나 이동을 위한 교통로로서 강이나 바다는 항상 위험이 동반된다.

바다는 오래도록 미지의 세계이자 경외의 대상이었다. 대항해시대(Age of Discovery) 또는 대발견의 시대(Age of Exploration)는 15세기 중반에서 18세기 중반까지 유럽의 배들이 세계를 탐험하고 무역을 하던 시기였다. 13세기 동방에 대한 체험을 기록한 마르코 폴로의『동방견문록』 또한 유럽인들로 하여금 동양과 무역을 하면 부자가 될 수 있다는 생각을 하게 하였다.

당시 서양이 동양과 직접적으로 교류할 수 있는 방법은 실크로드와 같은 육로밖에 없었다. 그러나 이 경로는 오스만투르크가 지배하고 있어 많은 비용을 지불해야 했고, 지중해 무역 자체가 차단되기도 했다. 따라서 또 다른 경로를 확보할 필요가 있었다.

이 과정에서 여러 바닷길을 개척해 아메리카 대륙에서 나오는 금과 은, 남아프리카 희망봉을 경유하는 향신료 무역 등이 활발해져 경제 발전에도 큰 도움을 주었다. 이 외에 항해술을 발달시키고, 배에 싣는 화포나 총기 등 무기 발전에도 영향을 미쳤다. 결국 산업혁명을 계기로 유럽이 전 세계를 주도하게 된 것이다.

운송 시설로 메워진 수변공간
그리고 그 후

산업혁명으로 생산성이 크게 증가하자 교류와 무역을 위한 교통수단의 발전이 필수가 되었다. 돛과 기관을 같이 활용하는 증기선이 발명되고, 증기기관차가 사용되는 등 기동성이 높아진 시대가 출현했다. 자동차가 발명되기 전의 육상 교통수단은 마차나 말이 대부분이었으므로 대량 수송이 가능한 유일한 수단인 증기기관차와 화물선은 운송에 있어 혁명을 가져왔다.

특히 화물선을 이용하면서 하천 주변으로 배를 정박하고 화물을 싣기 위한 항구 시설이 요구되었다. 그렇기에 그 시기에는 하천 주변에 화물선 하역과 관련된 시설, 관공서, 숙박 시설, 음식점 등이 활발하게 건설되었다. 이처럼 주변에 무역이나 교역 시설이 갖춰져 사람들이 붐비는 하천은 활기를 띠었지만, 과거처럼 양호한 거주환경은 되기 힘들었다. 20세기 초까지 하천 주변은 대개 이러한 모습이었다.

루돌프 디젤이 개발한 디젤엔진은 기관차나 대형 선박에 사용하기에 매우 효율적이었다. 디젤기관을 단 선박은 석탄을 가득 실어야 하는 증기선에 비해 효율이 월등해서 선박은 점점 대형화하였다. 또한 산업 제품이 규격화하고, 컨테이너 사용으로 배에 짐을 싣는 선적의 효율성이 높아지면서 대형선박의 부가가치는 날로 커져갔다.

선박이 대형화하자 더 이상 하천에 있는 항구 시설을 이용하기가 어려웠다. 큰 배가 오가려면 수심이 깊어야 하기에 항구는 하천에서 바다로 옮겨갈 수밖에 없었다. 운송과 무역의 통로가 철도와 대형 선박으로 바뀌면서 하천에 있던 항구는 쓸모가 없어져 방치되었다. 이로써 하천은 쇠락한 화물 시설만 가득할 뿐 사람들이 찾지 않는 곳이 되었다.

우리나라는 조선시대에 마포나루, 섬진나루 등을 항구 시설로 쓰다가 강화도조약을 맺은 후 부산항, 인천항(제물포항), 원산항 등을 건설해 이들을 무역항으로 이용하였다.

버려진 하천 주변이 다시 관심을 받게 된 계기는 1970년대 후반에 시작된 영국의 런던 도크랜드 재개발이다. 런던 도크랜드 재개발은 유럽 최대 규모의 재개발 사업이었다.

경제특구인 카나리와프 개발, 도크랜드 경전철 설치, 엑셀 전시장과 시티 공항 건설 등 재개발 사업은 도시재생과 금융 중심지 개발의 모범 사례로 꼽히면서 세계적으로 주목을 받고, 후에 이를 벤치마킹(경쟁업체의 경영 방식을 분석해 그것을 보고 배우는 경영 기법의 하나)한 수변 개발 붐을 일으킨다. 도크랜드를 개발함으로써 산업혁명 시기에 하천에서 멀어졌던 인류는 다시 하천 변으로 모여 살게 된 것이라 볼 수 있다.

바다 가까이 살기 : 네덜란드와 영국

네덜란드는 국가 명칭 자체가 '낮은 지역'이란 의미이다. 독일에서 시작되는 라인강의 하류 지역에 있으며, 북해를 바로 접하고 있어 홍수와 바닷물 피해가 잦다. 게다가 19세기부터는 독일의 공업 발달에 따른 공장폐수와 생활오수 등이 강으로 흘러들어 강물의 수질이 나빠졌고, 바닷물로 인한 지하수의 염도도 높아 먹는 물을 구하기가 매우 어려웠다. 하지만 네덜란드인들은 전통적으로 라인강의 범람과 바닷물의 유입 등 자연환

1300년 이전에 있던 토지
1300년대와 1400년대에 개간된 토지
1500년대와 1600년대에 개간된 토지
1700년대와 1800년대에 개간된 토지
1900년대에 개간된 토지

그림 1 약 700년에 걸친 네덜란드의 간척사업

경과 계속 싸워왔다.

네덜란드 간척사업은 역사적으로 보나 규모로 보나 인류 최초, 최대의 토목공사 중 하나일 것이다. 간척사업은 해일, 홍수 등 자연의 위협으로부터 삶의 터를 지키고 국

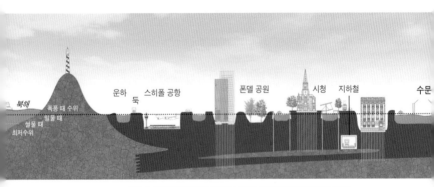

북해
폭풍 때 수위
밀물 때
썰물 때
최저수위

운하   둑   스히폴 공항   폰델 공원   시청   지하철   수문

그림 2 도시 대부분이 해수면보다 낮은 네덜란드 암스테르담의 단면도

토를 확장하는 기능을 한다. 네덜란드는 이러한 간척사업을 약 700년 전부터 국가사업으로 지속해 왔다.

영국 런던도 템스강으로 밀려드는 북해의 바닷물 위협에 대비하고자 최근 강 하구에 거대한 방재 수문을 만들었다. 템스강 하구에 위치한 런던은 매년 홍수 문제로 골머리를 앓았고, 만조 시 흘러드는 조수의 양은 매년 많아지고 있었다. 게다가 런던이 계속해서 조금씩 가라앉고 있으며, 지구온난화로 북해 수위는 점차 높아지고 있다는 전문가들의 견해도 있었다.

더 심각한 것은 북해 지역의 폭풍 때문에 스코틀랜드에서 시작된 파도가 영국을 시계 방향으로 반 바퀴 돌아 템스강으로 오면, 이것이 만조 때의 홍수와 겹쳐 런던에 심각한 재난을 일으킬 것이라는 분석이었다. 이를 막고자 런던시는 평소에는 작동하지 않다가 위험이 예측되면 거대한 방벽으로 바뀌어, 급격히 유입되는 북해 바닷물을 막는 방재 수문을 건설한 것이다.

실제 영국은 1928년 템스강 홍수로 14명이 사망한 재난 사고가 있었으며, 1953년에는 북해의 해일로 307명이

그림 3-1 런던 템스강 하류의 방재 수문

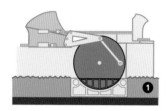

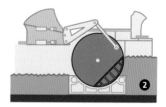

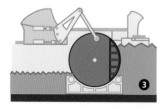

그림 3-2 방재 수문의 작동

사망하고 가옥 2만 4000채가 침수되기도 했다. 전통적인 대책으로 강둑의 벽과 제방을 높이 쌓는 방법을 택했지만 제방은 영구적이고 유지·관리가 쉬운 반면, 템스강의 아름다운 경치를 해친다는 단점이 있었다. 이에 런던은 종합적인 홍수방지 대책을 수립하고, 가동식 홍수방지 방벽 수문(Movable Flood Barrier)과 강 하류에 홍수방지 제방 및 장벽(Barking Barrier)을 설치하기로 했다.

템스강 하구 방재 수문(Thames Barrier)은 강폭 520미터에 10개의 수문이 설치되어 있는데, 평상시 수문을 닫지 않은 6개의 수문은 교각 사이를 지나는 선박들의 항로로 사용되고 조수에 따라 수문을 닫음으로써 방재 역할을 한다. 약 80명 이상의 사람들이 이 수문에서 일하고 있으며, 위험한 상황은 36시간 전에 예측이 가능하다.

기상청의 STFS(Storm Tide Forecasting Service) 시스템과 수문 자체에 있는 컴퓨터의 분석 결과를 종합해 다가올 파도의 높이를 예측하고, 수문의 열고 닫음을 결정한다. 수문은 1974년에 착공, 약 10년간의 공사 끝에 1984년 5월 8일 개통해 현재에 이르고 있다.

02

살고 싶은 해변도시

세계적 해양관광 도시국가,
싱가포르

전 세계적으로 역사적인 도시들은 주로 강을 끼고 발달하였지만, 오늘날에는 과학기술의 발달로 바다에 접한 도시들을 상상을 초월할 정도로 멋지게 만들고 있다. 아니, 각국은 주요 지역에 멋진 해변도시를 건설하고 이를 이용해 도시를 브랜드화함으로써 국제적인 관광도시가 될 수 있도록 글로벌 경쟁을 벌이고 있다.

싱가포르는 1965년 독립국가를 이루면서 작은 섬이라는 한계를 극복하기 위해 리콴유 총리의 주도 아래 국제

무역, 금융업, 산업 고도화 등을 중심으로 오늘날 선진국 모습을 갖추게 된 나라이다. 인도양에서 태평양으로 넘어가는 해로(바닷길)가 인도네시아 수마트라섬과 말레이반도에 가로막혀 있는데, 그러한 지정학적 위치를 활용하여 국제무역의 중간 기착지로 성장하였다.

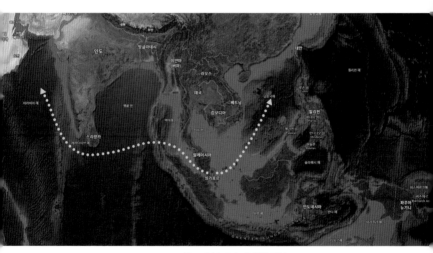

그림 4 싱가포르의 지정학적 위치

작은 섬나라인 싱가포르는 기본적으로 식수나 생활용수가 부족한 나라이다. 섬 자체의 면적도 좁지만, 지층의 특성상 지하수를 보유하기 어려워 물 순환이 매우 불리한 지역으로 알려져 있다. 싱가포르에서 쓰는 물은 저수지 물, 재생 정화수, 탈염 정화수 그리고 말레이시아 조호르바루에서 수입하는 물(전체 물의 약 40퍼센트 정도 차지)로 이루어진다. 이 가운데 말레이시아로부터 수입하는 물은 현재 2061년까지 계약이 되어 있으나, 이후로도 계속 수입할 수 있을지는 알 수 없는 상태이다.

싱가포르는 이를 국가적 안보 위협으로 여기고 수입량을 점차 줄이고 있다. 말레이시아 정부가 싱가포르와 외교적 갈등이 있을 때마다 조호르바루 지역의 물 공급을 중단하겠다고 협박하고 있기 때문이다.

상황이 이렇다 보니 싱가포르는 사용한 물을 재활용하는 기술, 빗물을 유용하게 활용하는 기술 등에 관심이 많고, 자연스럽게 물 관리 기술이 발달하였다. 물을 보관하는 각종 저류시설을 조성하고, 바다와 연결된 해변도시를 만드는 기술이 발달할 수밖에 없는 환경이었던 것이다. 이러한 기술을 효율적으로 활용해 온 싱가포르는 현재 국제적인 해양 관광도시가 되었다.

그림 5 싱가포르 해양 관광도시의 야경.
싱가포르의 상징이 된 마리나베이샌즈(Marina Bay Sands)는 52도 기울어진 모습으로 배 모양의 수영장을 머리에 얹은 200미터 높이 3개의 빌딩으로 이루어졌고, 우리나라 건설 기술로 지어졌다.

    싱가포르는 말레이시아와 인도네시아 수마트라섬 사이에 있어 태풍과 같은 자연재해 위협에도 비교적 안전하며, 동남아시아에 흔히 존재하는 활화산도 없다. 습하고 더운 날씨를 제외하면 세계적인 해양도시로서 모습을 갖추기에 상당히 좋은 조건이다. 참고로 2004년에 발생하여 약 28만~35만 명(추산)의 인명 피해를 냈던 인도네시아 쓰나미(남아시아 대지진)에서도 별다른 피해가 없었다.

아름다운 야경의 해양도시, 홍콩

홍콩은 아편전쟁을 계기로 영국 식민지가 되어 99년간 조차(특별한 합의에 따라 한 나라가 다른 나

그림 6 홍콩의 고층 고밀 아파트

그림 7 홍콩의 캡슐주택

라 영토의 일부를 빌려 일정한 기간 동안 통치하는 일)되었다가 이 기간이 끝난 1997년에 중국으로 반환된 도시이다. 지정학적 위치와 자연환경이 좁고 자원이 한정적인 점이 싱가포르와 유사해 일찍이 무역항으로서 입지를 다지며 성장하였다.

홍콩이 중국으로 반환되자 중국 본토인들이 홍콩으로 대거 유입되면서 현재는 전 세계적으로 주택 가격이 가장 비싼 도시이기도 하다. 협소한 토지 면적에 거주지를 많이 만들다 보니 건물 높이가 크게 높아졌다. 이렇게 홍콩은 초고층 건축물이 즐비한 경관과 해변의 아름다운 야경으로 멋진 풍광을 가진 세계적인 해양도시가 되었다.

홍콩은 일찍이 영국의 식민지가 되면서 교역항으로서의 입지를 탄탄히 굳혔다. 비싼 집값 문제로 홍콩에서는 이른바 '캡슐주택'이라는 것이 유행 중이기도 하다. 캡슐주택이란 대형 상수도관을 활용하여 거주공간을 만들어낸 주택으로, 도심의 건물과 건물 사이 틈새에 여러 층으로 쌓아올려 활용하고 있다.

해안의 화려한 초고층 건축물 이면에 가려진 여러 문제들을 보면 합리적이고 효율적인 토지이용계획의 수립 등 균형 잡힌 도시계획을 세우는 지혜가 중요하다는 것을 알 수 있다.

홍콩은 싱가포르와 더불어 세계적인 경쟁력을 갖춘 해양도시이자 해운과 항만물류의 중심도시이다. 또 뛰어난 매력을 갖춘 관광도시이기도 하다. 홍콩이 해양도시로서 가진 장점을 우리나라 도시에도 적용하는 등 지금은 새로운 해양도시를 안착시키기 위한 노력이 필요한 시점일 수도 있다.

그림 8. 홍콩의 야경

세계적인 인공섬 도시, 두바이

두바이는 페르시아만 남동쪽 해안에 있는 아랍에미리트 제2의 도시이자 경제 수도이다. 아랍에미리트는 7개의 주변 토후국(아시아. 특히 아랍 여러 나라에서 중앙 집권적 국가 행정으로부터 상대적으로 독립하여 부족의 우두머리나 실력자가 지배하는 봉건적 국가)이 모여 결성된 국가로, 2차 세계대전까지 영국의 보호를 받다가 1971년 연방국으로 독립하였다.

세계에서 6번째로 많은 석유 매장량을 보유한 아랍에미리트는 '오일머니(oil money)'를 바탕으로 물질적으로 풍요로운 삶을 누리게 된 국가이다. 그러나 장기적으로 석유 고갈이나 석유 대체자원의 개발 등을 고려하여 미래를 대비할 필요가 있었다. 1986년, 석유를 발견할 당시 두바이 지도자였던 셰이크 라시드는 석유 고갈 이후를 대비하기 위해 자유무역지대 조성과 학교, 병원, 도로 등 인프라(사회적생산기반) 부문에 대한 투자를 지속적으로 확대하였다.

그 뒤 셰이크 모하메드는 1996년에 부친인 셰이크 라

그림 9 두바이 전경

시드의 정책을 이어받아 2011년까지 석유 의존 경제구조를 완전히 탈피하는 것을 목표로 하는 두바이 장기발전계획을 추진하였으며, 관광, 금융, 무역, 전시 산업을 새로운 동력 산업으로 채택하였다.

셰이크 모하메드는 중동의 관광, 금융 중심도시로 거듭나고자 주택단지, 쇼핑단지, 호텔, 공항 등을 비롯해 세계 최고층 빌딩인 부르즈 칼리파, 세계에서 가장 큰 쇼핑몰인 두바이몰, 중동 최초의 실내 스키장인 스키 두바이 등 초대형 프로젝트를 진행하였다. 그중에서도 가장 눈길을 끄는 프로젝트는 두바이 해안에 건설한 인공섬 프로젝트이다.

인공섬은 야자수 모양의 '팜 아일랜드'와 세계지도 모양의 '더 월드' 등으로 이루어져 있다. 이 가운데 팜 아일랜드는 3개의 섬(팜 주메이라, 팜 제벨 알리, 팜 데이라)으로 구성되어 있는데, 고급 주거지와 호텔, 쇼핑센터, 요트장 등을 갖춘 종합레저타운 건설을 목표로 하고 있다.

잎에 해당하는 가로로 뻗은 줄기 모양의 섬들은 개인 소유가 가능한 고급주택 등이 들어서 있으며, 이를 감싸는 원형 모양의 섬들은 파도나 해일 같은 재해로부터 섬을 안전하게 지켜주는 방파제 역할을 한다.

팜 주메이라는 가장 먼저 시작된 사업으로 지름 5.5킬로미터, 면적 25제곱킬로미터에 줄기 부분과 17개의 야자수 잎, 원형 모양의 방파제로 되어 있다. 바깥쪽 섬 끝에는 세계 최대 규모의 워터 파크이자 호텔인 '아틀란티스 더 팜'이 있다. 섬의 입구에서 출발해 아틀란티스 더 팜 호텔까지 가는 모노레일도 운영되고 있어 차가 없어도 갈 수 있다.

더 월드는 해안선에서 8킬로미터 정도 떨어진 바다 위에 조성된 300여 개의 인공섬으로 세계지도를 본뜬 모양으로 계획되었다. 섬과 섬 사이에는 다리가 없어 보트나

그림 10-1 두바이 팜 주메이라 인공섬

그림 10-2 더 월드 인공섬

헬기로만 이동할 수 있다.

두바이 인공섬 프로젝트는 2008년 전후 세계적인 금융 위기로 자금 조달이 어려워지자 한때 중단 위기를 맞기도 했다. 특히 해수면이 올라가 점차 섬이 물에 잠기고 작아질 것이란 논란이 불거지기도 했다. 그러나 아랍권에서 유일하게 이슬람 문화권과는 거리가 있으면서 테러의 위험이 적고 치안이 좋아 중동권 진출을 위한 활로로 이점이 많다.

두바이는 2012년 이후 경제적으로 부흥하고 있으며, 코로나19로 일 년 연기되었지만 엑스포 170년 역사상 처음으로 중동에서 개막하는 '2020 두바이엑스포'도 문제없이 진행되고 있다(2021년 10월 1일~2022년 3월 31일).

사막으로 둘러싸인 두바이는 석유 고갈이 얼마 남지 않은 상황에서 미래의 산업 터전 확보를 위해 창의적인 상상력을 바탕으로 바다 위에 대규모 인공섬 프로젝트를 진행했다. 그리고 이를 바탕으로 석유 왕국 두바이를 석유가 없는 미래에도 살아남을 수 있도록 블루오션(blue ocean; 경쟁할 대상이 없는 시장) 도시로 바꿔 나가고 있으며, 중동지역의 허브를 넘어 전 세계의 관광 허브로 탈바꿈하고 있다.

매력적인 해양도시,
호주 시드니

　　　시드니는 호주에서 역사적으로 가장 오래된 도시이다. 호주 최초의 식민도시로 1788년 영국의 죄수를 유배하기 위한 곳으로 출발하였지만 호주 개척의 시작점이 된 곳이다. 시드니는 1822년 이후로 기초적인 은행, 시장, 경찰 조직 등을 갖춘 마을이 되었다. 오늘날에

그림 11 호주 시드니 전경

는 인구 475만 명의 호주 최대 도시로 성장하였고, 코발트 빛깔의 바다를 낀 시드니 항은 세계 3대 미항으로 꼽히며 매년 엄청난 숫자의 관광객을 끌어들이고 있다.

험난한 태평양에 자리 잡고 있지만, 시드니 항 주변은 배를 정박하기 좋은 환경과 함께 100여 곳이 넘는 아름다운 풍광을 가진 곳이기도 하다. 시드니는 호주 개척의 중심지로 출발하여 자연환경과 문명을 환상적으로 조화시키며 지금까지 그 입지와 역할을 이어가고 있다.

시드니는 요트 정박을 위한 마리나(해변의 종합 관광 시설) 모범 지역으로도 손꼽히는 곳이다. 이는 단시간에 이루어진 것이 아니다. 어업활동을 하는 어민들과 충돌하기도 하고, 각종 규제로 연안을 개발하는 데 어려움이 있었지만 이를 과감히 해결하고 계획적으로 개발함으로써 자연 풍광과 마리나, 문화·상업지구가 어우러진 아름다운 해양도시로 성장할 수 있었다.

전 세계적으로 소득수준이 높아지면서 일과 삶의 균형, 여가를 중요시하게 되고, 과학과 기술의 발달로 해양으로 접근하는 것이 쉬워지면서 해양레저·관광에 대한 관심과 수요가 점차 늘고 있다. 최근 10년간 요트와 같은 해양레

그림 12 도심의 문화·상업지구와 어우러진 시드니 마리나 시설

그림 13 호주의 아름다운 자연 풍광과 해양 레포츠 활동

포츠산업이 크게 육성되고 있어 자연과 인간, 생명이 공존하는 바다의 매력을 끌어들인 마리나, 해양도시를 건설하고자 하는 욕구는 매우 강하다. 호주 시드니는 성공적인 마리나 사례로 벤치마킹할 이유가 충분한 곳이다.

한국의 관광 명소 해변도시, 부산 해운대 마린시티

우리나라에서도 해안의 초고층 랜드마크(어떤 지역을 대표하거나 구별하게 하는 지형이나 시설물) 건축물로 국내외적인 관광 명소가 된 대표적인 사례가 있다. 부산 해운대 마린시티이다.

해운대 마린시티는 초고층의 고급 주택단지가 들어선 해변도시로, 멋진 야경으로 한국관광공사가 선정한 관광 100선(2019~2020년)에 선정되기도 했다. 전체 면적은 그리 크지 않으나, 마천루가 들어서 있어 21세기풍의 해변도시 모습을 보여준다고 할 수 있다. 2003년 부산 광안대교가 완공되면서 마린시티와 어우러져 홍콩, 싱가포르와 같은 이국적이고 독특한 풍경을 가지게 되었다.

해운대 마린시티 지역은 1934년 동해선이 개통되면서

그림 14 부산 해운대 마린시티의 야경

개장한 수영해수욕장과 수영비행장이 있던 장소였다. 동해선은 동해 남북을 종단하는 철도로 부산과 현재 북한의 원산 지역을 잇고, 나아가 함경까지 가는 함경선과 연결되었다. 동해안 일대 어항과 강원도 일대 탄광을 개발해 해산물, 석탄, 목재, 광물을 수송하는 철도 노선이었던 것이다.

하지만 해방 후 1960~1970년대에 이르러 경제가 발전하며 인근 수영강이 오염되자 해수욕장으로서의 기능을 잃었다. 이후 1988년 올림픽 개최를 위해 수영만 요트경기장을 건설하면서 주변 지역을 매립하였는데, 이로써 마린시티의 기반이 만들어졌다.

그림 1.5 해운대 요트경기장과 마린시티 전경

　그렇다고 마린시티가 바로 건설된 것은 아니다. 올림픽 이후 장기간 방치되어 있던 이 지역에 1995년 대규모 주상복합건물과 리조트, 대형마트 등이 들어섰고, 2000년 이후 초고층 주상복합아파트가 본격적으로 건설되면서 독특한 디자인의 해변 경관을 만들어냈다.

　현재 부산의 대표적인 관광 명소로 거듭난 마린시티는 요트경기장과 가깝고, 마리나 시설도 어우러져 있어 여름 밤에는 마치 외국에 와 있는 듯한 느낌을 준다.

　우리나라도 최근 10년간 요트 계류장 활성화를 위해 다양한 사업을 발굴하며 노력하고 있다. 불필요한 규제를 풀고, 바다의 자연 풍광과 건축물을 조화롭게 펼쳐낼 보다 과감한 도전과 시도가 필요해 보인다.

수도권의 해양 국제도시,
인천 송도신도시

인천 송도신도시는 부산 해운대 마린시티와 마찬가지로 바다 매립으로 지어진 신도시이다. 1990년대 초에 계획을 수립하였고, 중국 상하이, 싱가포르, 두바이 등의 국제도시 개발 붐이 일어나자 1994년 10월에 매립을 시작하면서 건설하였다.

인천 송도신도시는 인근의 청라국제도시, 영종국제도시와 같이 경제자유구역으로 지정되어 있다. 경제자유구역(IFEZ: Incheon Free Economic Zone)이란 우리나라에 투자하는 외국 기업의 비즈니스와 생활환경을 편리하게 해주어 외국으로부터 투자 기업을 유치하고 국가 경쟁력을 강화하고자 조성한 지역으로, 우리나라 경제자유구역 신도시는 대부분 연안에 자리 잡고 있다. 공항과 가까워서 좋고, 바다를 낄 수 있어 매력이 많은 입지적 장점을 활용한 것이다.

송도신도시는 우리나라 수도권에 위치한 해양도시로

그림 16 인천 송도신도시의 야경과 전경

경관이 수려하며, 현재는 인천공항으로 입국하는 외국인 관광객을 포함해 국내 관광객들에게도 매력적인 관광도시로 자리매김하고 있다.

03

해변도시의 위험 요소

홍수와 만조가 겹칠 때

바다와 인접하고 큰 강을 낀 지역은 농사를 짓기에 좋다. 물을 쉽게 구하고 버릴 수 있으며, 교통로로 활용할 수도 있어 큰 도시로 발전한 지역이 많다. 다시 말해 대규모 도시들은 하천과 바다를 낀 지역을 중심으로 발달하고, 이러한 역사는 지금까지 이어지고 있다. 한강 하류와 낙동강 하류를 낀 서울과 부산이 그러하고, 태평양에 인접하고 에도강을 낀 도쿄, 대서양에 인접하고 허드슨강을 낀 뉴욕, 북대서양에 인접하고 템스강에 자리 잡은 런던과 같이 지금의 세계적인 대도시들의 위치만 봐도 잘 알 수 있다. 그러나 하천과 바다를 낀 해변도 시는 자연재해의 위험에 필연적으로 노출될 수밖에 없다. 대표적인 위험 중 하나가 엄청난 양의 집중강우와 만조 (밀물)가 겹치는 경우이다.

홍수와 만조가 겹쳐 큰 피해를 준 사례로 1928년과 1953년에 발생한 영국 템스강의 범람을 들 수 있다. 대서 양에서 발달한 대규모 폭풍이 영국 북동쪽을 돌아 파도 형태로 템스강 입구에 영향을 주었는데, 이때 바다의 만 조 시기와 겹쳐 템스강이 역류했다. 이로써 런던 시가지 가 대거 침수되고, 지하 공간에 머물던 사람들이 익사하 는 등 대규모 인명 사고로 이어진 것이다. 이 사고로 각각

그림 17 만조 시 발생한 폭풍해일과 해안도시 침수 범람 피해 발생 모식도

약 14명과 300명이 목숨을 잃었다.

이러한 위험은 우리나라도 예외가 아니다. 우리나라는 주로 여름철 장마 기간에 홍수가 발생한다. 기압이 불안정한 장마 기간에 쏟아지는 집중호우가 홍수를 일으키는 것이다.

최근에는 늦여름과 초가을인 7~9월경 국지성 호우(局地性豪雨; 비교적 좁은 지역에 짧은 시간 동안 내리는 많은 양의 강한 비)를 동반한 태풍으로 인해 홍수가 발생하기도 한다. 이는 해안가의 저지대 지역을 바닷물에 잠기게 하고, 하천의 하류 지역에서는 만조 시 바닷물이 역류하면서 하천이 범람하여 주변 지역에 피해를 주기도 한다.

그림18 태풍이 몰고 온 파도가 해운대 마린시티 해안도로에 범람하는 모습

대표적인 예로 2016년 9월에 발생한 태풍 '차바'를 들수 있다. 우리나라 남부지방으로 상륙한 차바는 강풍, 폭우, 해일, 침수 범람 등의 피해를 일으켰다. 특히 부산에서는 만조 시에 발생한 폭풍해일이 해운대 마린시티를 그대로 덮쳐 고층 아파트로 둘러싸인 도시 일대가 순식간에 바닷물에 잠기고 도로와 건물, 차량 등이 침수되거나 망가졌다. 과학기술의 발달로 얕은 바다를 메워 땅으로 만든 매립지가 늘어나 해양공간을 육지로 활용하는 사례가 많아지고 있는데, 해양으로부터 오는 자연재해에는 취약할 수밖에 없는 것이다.

부산시는 해일 피해를 막고자 방파제를 높이 쌓는 등다양한 방법을 모색하고 있지만, 해안의 저층 상가들이방파제 높이로 인해 바다를 조망하기 어렵다는 점 때문에반대하고 있어 어려움이 있기도 하다.

2016년 태풍 '차바' 이후 재해예방대책으로 부산 해운대 마린시티에 해안 차수벽 설치공사를 시작하였다. 차수벽(遮水壁)이란 물이 침투되는 것을 방지하기 위해 설치하는 불투수성 벽을 말한다. 마린시티의 해안 차수벽은 평상시에는 누워 있다가 재해가 예상되는 경우에만 90도로

그림 19 기립식 차수벽이 설치되는 마린시티 해안도로

그림20 부산 해운대 마린시티의 차수벽 설치 전(위)과 후(아래) 모식도

세워져 파도가 도시지역을 넘지 못하도록 하는 기립식 방식으로, 국내에서 월파 방지를 목적으로 설치되는 것은 처음이다.

해양지진과 쓰나미 :
10미터 높이의 해수가 끊임없이 밀려온다?

해저 깊은 곳에서 일어나는 해양지진은 지진 그 자체보다 지진이 만들어내는 거대한 지진해일이 더 무서운 현상이라 할 수 있다. 지진해일을 흔히 쓰나미(Tsunami)라 하는데, 바다 밑에서 일어나는 지진이나 화산 폭발 등과 같이 급격한 지각변동에 의해 생기는 해일을 말한다.

해일이 깊은 해역에서 일어나면 처음에는 파도가 높지 않으나, 점점 수심이 얕은 곳으로 밀려오면 위아래로 진동할 수 있는 공간이 얕아지므로 물이 점차 높게 쌓여가고, 해안가에 도달할 때면 집채만 한 파도가 되어 해안을 덮치는 것이다. 쓰나미는 한 번 오는 것으로 끝나지 않고 지속적으로 밀려오는 특징이 있어 더 큰 피해를 남긴다.

해안에 거대한 파도가 밀려와 마을을 덮치고 도로시설

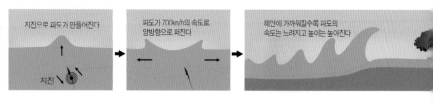

지진으로 파도가 만들어진다

지진

파도가 700km/h의 속도로
양방향으로 퍼진다

헤안에 가까워질수록 파도의
속도는 느려지고 높이는 높아진다

그림 2.1 쓰나미 발생 원리

물과 건물이 부서지며 자동차가 물에 둥둥 떠다니는 광경을 영화나 뉴스를 통해 본 적이 있을 것이다. 인류 역사상 엄청난 규모의 인적, 물적 피해를 가져온 2011년 동일본 대지진(도호쿠 지방 태평양 해역 지진)으로 인한 쓰나미가 대표적이다.

2011년 3월 11일 14시 46분, 일본 산리쿠 연안 태평양 앞바다에서 발생한 리히터 규모 9.1의 해저지진은 약 160초 동안 지속적으로 해일을 발생시켰는데, 최대 높이가 10미터 이상 될 정도의 바닷물이 해안가로 빠르게 밀려왔고 사망자 1만 5899명, 실종자 2539명의 인명 피해와 약 16조~26조 엔(한화로 약 180조~300조 원, 추산 금액)의 경제적 피해를 가져왔다.

해일로 인한 피해를 막기 위해 설치해 둔 방파제는 최대 높이 10미터에 3분 정도 지속된 쓰나미 앞에서 무용지

68

그림 2.2 동일본 대지진 쓰나미가 연안 지역 마을을 휩쓸고 지나간 후의 모습

물이 되었다. 또한 일본이 진도 7.0에도 안전하다고 자부하던 후쿠시마 원자력발전소가 폭발해 심각한 재앙을 불러왔고, 그 피해는 아직도 진행형이다.

이보다 앞선 2004년 12월 26일, 인도네시아 수마트라 섬 서부 해안의 40킬로미터 지점에서 발생한 인도네시아 쓰나미 사례도 있다. 약 30만 명이 사망하고 5만 명이 실종되었으며 169만 명의 이재민이 발생한 것으로 알려진 이 쓰나미는 지진 규모로 보면 9.1~9.3으로 동일본 대지진보다 위력이 컸다. 희생자 대부분은 동남아시아 관광지에서 휴양 중이던 관광객과 주민들이었는데, 지진 자체보다 쓰나미로 대부분 희생되었다.

해양지진으로 인한 쓰나미는 자주 발생하는 자연재해 현상은 아니지만, 한 번 발생하면 그 피해 규모가 상상을 초월할 정도여서 이를 막기 위한 연구개발은 중요하다고

1960년 칠레 발디비아 대지진 때 쓰나미에 의해 인명 피해가 909명 발생한 것으로 보고되었다. 칠레 지진은 규모 9.5로 추정되었고, 진앙에서 1000킬로미터 떨어진 지점에서도 지진이 느껴졌을 만큼 큰 지진이었다. 그러나 쓰나미는 다행히 사람들이 많이 살지 않는 지역에 덮쳤고, 따라서 일본 도호쿠 대지진이나 인도네시아 대지진과 같이 수천수만 명의 인명 피해로 이어지지는 않았다.

할 수 있다. 그러나 아직은 경보와 대피, 사후 수습 외에 뾰족한 방법이 없는 현실이다.

태풍으로 인한 피해 : 방파제도 무용지물

우리나라는 3면이 바다로 둘러싸인 반도 국가이기에 날씨에 있어 바다의 영향을 많이 받는다. 최근에는 해양성 기후변화에 따라 강력한 태풍이 육지를 침범하고, 여름에는 장마와 집중호우로 해마다 많은 피해를 주고 있다.

특히 산지가 약 70퍼센트를 차지하는 국토는 장마와 집중호우로 사람들이 생활하는 곳 주변의 급경사지가 붕괴하거나 산사태가 발생할 위험이 매우 큰데, 여름과 가을 사이 태풍까지 겹치게 되면 그 피해 규모는 막대해진다.

태풍(颱風)은 '강력한 열대성 저기압'의 한자 이름(동남아시아에서는 타이푼Typhoon)으로 우리나라에서 부르는 말이다. 주로 수온이 따뜻한 7~9월에 발생하며, 강풍과 함께 400~500밀리미터의 폭우가 내린다. 이 때문에 항만, 철도, 고속도로와 같은 국가 핵심 시설물이 손실되기도

그림 2.3 태풍 '콩레이'로 인한 경주시의 피해 모습(2018년)

하며, 산사태나 저지대 침수 등 인명과 재산에 큰 손해를 입힌다.

한국 근대사에서 최악의 태풍으로 꼽히는 '사라'(1959년)와 남부지방을 강타했던 '셀마'(1987년), 역대 최대의 하루 강수량과 재산 피해액을 남겼던 '루사'(2002년), 순간 최대 풍속을 기록했던 '매미'(2003년) 등이 피해를 많이 준 태풍들이다.

매년 자연재해로 인한 피해액을 집계하는데, 태풍과 호우에 따른 피해가 전체 자연재해 피해액 중 90퍼센트 이상을 차지한다. 지난 30년 사이 가장 큰 피해를 남겼던 자연재해는 2002년 태풍 '루사'로 피해 규모가 8조 원을 넘는다. 2003년에는 태풍 '매미'의 영향으로 약 6조 원, 2006년에는 '에위니아'로 약 2조 원, 2012년에는 '볼라벤'과 '덴빈'에 의해 1조 원이 넘는 손해를 입었다.

국내에서는 게릴라성 호우도 자주 내린다. 게릴라성 호우란 '게릴라'와 '호우' 두 단어가 합쳐진 합성어로, 짧은 시간 동안 많은 양의 비를 퍼붓고 사라지는 비를 말한다. 게릴라성 호우는 좁은 지역에 집중적으로 비를 내린다는 점에서 국지성 호우와 같지만, 한 지점에서 호우가 끝나면 다른 지점에서 집중호우가 내리는 특징이 있다.

최근 전국적으로 이전의 기상관측 기록을 뛰어넘는 집중호우가 발생하고 있다. 여름철 집중호우는 장마나 태풍과는 달리 예측이 어려워 한 번 발생하면 큰 피해로 이어질 수 있다. 하천이 범람하여 논과 밭, 주택을 침수시켜 재산과 인명 피해 외에 정전, 차량 침수, 질병 발생 등 2차적인 피해도 크다.

우리나라에서 최근 10년간(1999~2008년) 하루에 100밀리미터 이상의 집중호우가 발생한 횟수는 총 385회로 1970~1980년대 총 222회에 비해 약 1.7배나 증가하였다.

원인으로는 여러 가지가 있겠지만, 전 지구적으로 일어나고 있는 기후변화 문제를 주요 원인으로 꼽는다.

게릴라성 호우에 의한 피해가 큰 이유는 폭우가 자주 내린다는 것 외에도 도시화로 인한 불투수 면적이 증가했기 때문이다. 불투수(不透水) 면적이란 토양면이 도로포장이나 건물 등으로 덮여서 빗물이 땅으로 스며들 수 없는 면적을 뜻하는데, 불투수 면적이 많을수록 저지대 침수 피해가 커진다.

서울 지역 불투수 면적률은 1962년 7.8퍼센트에서 2006년 47.5퍼센트로 40년간 약 6배가 증가하였고, 2011년 7월 서울 지역에 당시 하수관과 배수펌프장의 시설용량인 65~85밀리미터를 웃도는 시간당 최대 113밀리미터의 기록적 폭우로 우면산 등의 대규모 산사태와 침수 피해가 발생하였다. 급격한 도시화로 도시의 불투수 면적은 증가하였지만, 오래전에 만든 하수관과 배수펌프 시설은 그 용량을 예상하지 못한 채 설계한 까닭이다. 게다가 최근 더 잦아진 게릴라성 호우는 도시를 침수시켜 손을 못 쓰는 상황으로 만든다.

이 문제를 해결하기 위해 배수펌프 용량을 확대하거나

저류시설(貯溜施設; 빗물을 일시적으로 모아 두었다가 바깥 수위가 낮아진 후에 내보내도록 만들어진 시설)을 짓는 방법이 있지만, 단시간에 이루기는 쉽지 않다.

태풍은 세고 거친 바람으로 바닷물을 방파제 너머 해안가로 침투시켜 연안 지역을 물에 잠기게도 한다. 2002년 태풍 '마이삭'은 너울성 파도로 동해 삼척시 해안가 마을을 침수시켰다. 동해 연안의 방파제를 넘어가는 파도에 마을이 침수된 것이다. 해안가 마을의 각종 시설물은 바닷물로 인한 부식에 노출되어 있어 사전 대비가 더욱 중요하다.

이렇듯 하늘에서 내리는 비, 바다에서 만들어지는 태풍과 밀물, 썰물 등의 자연현상은 해안가에 모여 살아가는 사람들의 생명과 안전에 큰 영향을 끼친다. 자연적 위험 요소가 많은 해안가 도시들은 이런 피해를 막기 위해 여러 가지 노력을 하고 있다. 현재는 피해가 발생하면 발 빠르게 사후처리를 하는 방식이지만, 앞으로는 일어날 피해를 예측하고 즉각 대응할 수 있는 기술개발이 필요하다.

바다 위의 안개,
해무

해안가 도시에 살 때 피해를 주는 것 중 하나는 해무(海霧)이다. 해무는 바다에서 불어오는 습한 바람 때문에 발생하는 안개를 말한다. 바다와 인근 해안 지역에 발생하는 해무는 지진이나 태풍과 같이 시설물의 직접적인 피해를 가져오지는 않지만, 연안에 거주하는 사람들이 쾌적하게 생활하는 데 방해가 된다.

바다에 해무가 끼면 선박은 앞이 잘 보이지 않아 안전 운항이 어렵고, 바다 위 다리를 지나가는 차들도 앞이 보이지 않아 위험에 처하게 된다. 이로 인해 대형 사고가 발생하기도 하는데, 도로교통공단에 따르면 해무 등 안개 낀 도로에서는 앞이 거의 보이지 않아 눈, 비가 올 때보다 사고 발생 가능성이 더 높다고 한다. 앞이 보이지 않아 미리 조심하는 것도 어려워서 사고가 났을 때 사람들이 죽는 경우는 9.8퍼센트나 된다고 한다.

해무는 공기와 기상 조건, 지형 조건, 상공의 바람 상태 등에 따라 발생하므로 예측하기가 매우 어렵다. 해무는 갑작스러운 기온 변화와 급격한 일교차에 의해 초여름과

그림 24 해무가 낀 서해대교

초가을 사이에 가장 많이 발생한다. 특히 해안가 도시는 빽빽한 고층 건축물과 아스팔트로 포장된 도로 때문에 도시가 쉽게 데워지고 식는 속도도 빠른 데다 바다와 가깝다 보니 수분이 많이 공급되어 해무가 자주 발생한다.

우리나라에서 해무로 인한 피해 사례로는 2015년 2월, 영종대교에서 일어난 106중 추돌사고와(사망 2명, 부상 73명) 2006년 10월 서해대교에서 일어난 29중 추돌사고(사망 11명, 부상 50명)가 있다. 두 대교 모두 바다 위에 놓인 다리로 해변도시로 향한다는 공통점이 있다.

해무로 인한 피해는 미국, 유럽 등 선진국에서도 나타

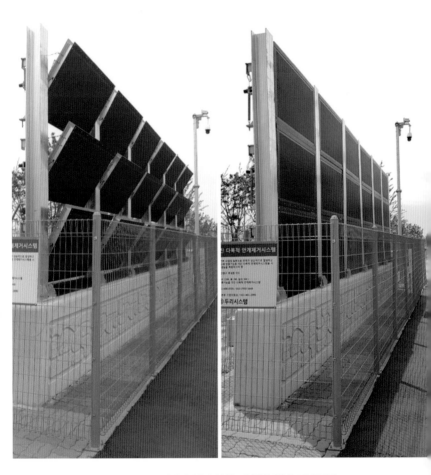

그림 2.5 안개가 잦은 도로에 설치된 방무벽의 열린 모습(왼쪽)과 닫힌 모습(오른쪽)

나고 있다. 2013년에는 미국 버지니아주에서 95중 추돌 사고가 일어나 28명의 사상자가 발생하였으며, 벨기에 브 뤼셀에서도 2013년 130중 추돌사고가 일어나 77명의 사 상자가 발생하였다.

우리나라에서는 해무로 2015년 영종대교, 2016년 나주 대교에서 대형 사고가 발생하자 해무를 중요하게 다루기 시작했다. 자동차 운전자가 볼 수 있는 거리가 250미터 이 하의 짙은 안개가 매년 30일 이상 발생하는 지역은 사고 위험이 높은 구간이므로 '안개 잦은 지역'으로 지정하고, 방무벽(防霧壁; 안개 속 수분은 흡수하고 공기는 통과시켜 도로 안 개를 신속히 제거하는 벽)이나 도로 상황을 미리 알려주는 도 로 전광 표지(VMS)와 같은 안전장치를 설치하여 집중적 으로 관리하고 있다.

최신의 매립 기술과 고층 건물 기술로 지은 대표적 해 변도시인 해운대 마린시티도 해무로부터 자유롭지 못하 다. 마린시티의 초고층 건축물은 드넓은 멋진 바다를 집 안에서 조망할 수 있다는 장점이 있다.

하지만 수시로 발생하는 해무로 집안이 습해져서 아파

그림 26 부산 해운대 마린시티 인근을 뒤덮은 해무

트 내부에 곰팡이가 낀다. 또 염분을 포함한 해풍으로 문을 열어놓을 경우 가구나 옷이 금세 눅눅해지기도 하고, 가전제품과 자동차가 부식되기도 한다. 해무는 구름 속에 떠 있는 기분을 느끼게도 하지만, 몇몇 문제들은 현재의 기술로 해결이 어려운 것이 사실이다.

선박 사고와 해안도시

경제가 발전하면서 수출과 수입이 많아지고 교역 물품을 싣는 배들도 점점 커지고 있다. 특히 과학기술이 발전하면서 해변도시가 발달하고, 해변도시는 연안의 얕은 바다를 매립하여 땅을 확보하는 단계를 넘어 자연과 공존하고 문화가 융합된 해상도시 형태로 건설되고 있다. 국민소득수준이 높아지면서 해변도시를 방문하는 크루즈 여행도 많아졌다. 해안도시에서 대형 선박은 더 이상 바라만 보는 먼 관계가 아닌 것이다.

해변도시는 선박으로 인한 사고에 직접적, 간접적으로 영향을 받는다. 바다에서 배가 사고를 당하면 인명 피해와 같은 직접적인 피해만 일어나는 것이 아니다. 오랜 시간 넓은 바다를 오가야 하는 배에는 석유와 같은 연료도 많이 실려 있는데, 사고가 나면 이 연료가 바다로 흘러나온다.

연료유출로 인한 환경오염은 국민의 생활 안전을 위협하는 등 간접적인 피해를 일으킨다. 한 번 선박사고가 발생하면 그 규모와 손실이 막대해서 그 여파가 최소 십 년에서 수십 년 갈 수도 있다.

최근 우리나라에서 가장 큰 인명 피해를 낸 선박사고 사례로는 세월호 사건을 들 수 있다. 2014년 4월 16일, 인천에서 제주로 향하던 여객선 세월호가 진도 인근 해상에서 침몰하면서 전체 탑승자 476명 중 304명이 사망 또는 실종된 대형 참사이다. 특히 세월호에는 제주도로 수학여행을 가던 안산 단원고 2학년 학생 325명이 탑승해 어린 학생들의 피해가 컸다. 또한 1993년에 292명의 사망자를 낸 서해 훼리호 사건도 잊을 수 없는 사고이다.

한편, 2007년 12월 7일에는 서해 태안 앞바다에서 기름 유출 사고가 일어났다. 삼성중공업의 해상 크레인과 유조선 허베이스피릿호가 악천후로 인해 충돌하면서 원유 1만 2547킬로리터가 바다로 유출되어 우리나라 해양생태계의 보고였던 서해안 갯벌을 시커먼 기름으로 뒤덮었다. 이 기름은 만리포 앞바다 일대는 물론이고 군산, 목포, 제주도 앞바다까지 퍼져 우리나라 서남해안의 아름다운 해안 경관을 해치고 해양생태계를 파괴해 인근 주민들의 삶을 위협했던 대표적인 대형 해양 사고이다.

대형 선박으로 인한 또 다른 해양 사고로는 2019년 부산 앞바다에서 발생한 '씨그랜드(SEAGRAND)호'의 광안대교 추돌사고가 있다. 씨그랜드호는 용호부두를 출항하는 과정에서 정박 중인 요트 3척과 부잔교(浮棧橋: 선박에 닿을 수 있도록 물 위에 띄워 만든 구조물로 육지에서 도교로 연결한 접안 시설)와 충돌하여 이를 파손했고, 연이어 선박의 정선수

콘크리트 블록 또는 닻가지 앵커

도교

폰툰

계류 체인

그림 27 위에서 본 부잔교

콘크리트 블록 또는 닻가지 앵커

계류 체인

해수면 ▼

그림 28 옆에서 본 부잔교

그림 29 나무로 만들어진 부잔교

(뱃머리의 곧은 앞쪽)가 광안대교에 충돌하여 다리 하판에 구멍을 냈다. 선박의 운항 속도가 빨랐거나, 선박 규모가 더 컸다면 광안대교 구조물이 손상되면서 일부가 무너질 수도 있었던 사건이었다.

선박 해양 사고의 공통점은 인재(人災)라는 것이다. 서해 훼리호는 정해진 인원보다 훨씬 많은 인원을 태워서 사고가 났다. 세월호는 선박을 불법으로 개조했고, 화물을 너무 많이 실었으며, 정부는 사람들을 구할 수 있는 귀중한 시간에 허둥대며 뒤늦은 구조 작업을 하여 인명 피해를 키웠다. 태안 기름유출 사고는 풍랑을 무시하고 무리하게 출항하여 선박이 표류했던 것이 문제였고, 씨그랜드호가 광안대교에 부딪친 이유는 선장이 음주 운항을 했기 때문이었다.

인재는 사전에 예방할 수 있다는 공통점이 있다. 인재는 흔히 사고원인을 말할 때 쓰는 말이지만, 사고가 일어난 후 초기 대응과 처리 과정을 잘못하는 것도 인재라 할 수 있다.

21세기 들어 화물선과 유조선, LNG 탱커(액화천연가스를 수송하는 선박) 등 선박이 점점 커지고 있다. 이는 단 한 번의 사고로 상상을 초월하는 심각한 문제가 생길 수 있다는 것을 의미한다. 2020년 7월 25일, 인도양의 지상낙원으로 불리는 모리셔스섬 해안에 일본 국적의 벌크선(철강·곡물 따위의 원자재를 포장 없이 막 쌓아 실어 나르는 선박)인 와카시오호가 좌초되어 1000톤가량의 원유가 바다로 유출된 사고가 일어났다.

사고 발생 초기, 모리셔스 정부에서는 별다른 발표가 없었고 기름유출의 가능성도 높지 않을 것으로 판단했다. 그러나 사고 발생 13일이 지난 8월 6일, 와카시오호 뒷부분에 있는 연료탱크 1기의 손상으로 기름이 유출되었고, 8월 7일 모리셔스 정부는 '환경 비상사태'를 선포하며 프랑스(전 식민 통치국) 등 국제사회에 긴급하게 도움을 요청했다.

이에 프랑스는 해군 함정과 군용기를 파견하였고, 수천 명의 자원봉사자들이 바다로 기름이 확산되는 것을 막기 위해 애썼으나 워낙 넓은 지역으로 기름이 유출되어 작업에 어려움을 겪었다. 다행히 선박에 남은 연료는 펌프 작업으로 거의 다 빼냈지만, 지금 상황만으로도 원상 복구

그림 3.0 모리셔스 해안 선박 사고로 유출된 기름을 청소하는 자원봉사자들

에는 수십 년이 걸릴 것으로 예상하고 있다.

점차 위험해지는 환경

최근 발표된 '기후변화에 관한 정부 간 협의체(Intergovernmental Panel on Climate Change, IPCC)' 제5차 보고서에 따르면 지난 133년간(1880~2012년) 지구의 평균기온은 섭씨 0.85도 상승하였다. 과거 1만 년 동안 지구 온도가 1도 이상 변한 적이 없었던 것과 비교해 보면 지구의 온도 상승이 얼마나 빠르게 진행되고 있는지를 알 수 있다.

해수면의 상승은 '아시아개발은행(ADB)' 보고서에서 2016년 2월 기준으로 전 세계 평균 해수면 높이가 1993년보다 0.07미터 상승한 것으로 제시하였으며, 이후 2100년에는 1990년보다 0.75~1.9미터 더 상승할 것으로 전망하고 있다.

우리나라도 예외는 아니어서 지난 100년간(1906~2005년) 평균기온이 약 1.7도, 해수 온도는 37년간(1968~2004년) 약 1도 상승했다. 그리고 연평균 강수량은 1910년 1155.6밀리미터에서 2000년 1375.4밀리미터로 약 19퍼센트 증가하였다.

우리나라 연안 지역에는 주로 바다 전면에 산업단지나 항만시설과 같은 국가의 주요 기반 시설이 있고, 그 뒤쪽으로 사람들이 모여 사는 주거 지역이 있다. 부산, 울산, 포항, 광양 등이 그러하며, 인구 전체로 따져 보면 약 30퍼센트가 연안 지역에 거주한다. 특히 최근에는 연안 지역이 레저·관광을 위한 거점이자 매력적인 거주지로 가치를 인정받으면서 이곳에서의 활동이 증가하고 있다.

이렇게 연안 지역의 가치가 높아지고, 이용하고자 하는 수요가 늘면서 앞으로 연안에서 자연재해가 발생할 경우

이로 인한 재산과 인명 피해는 더욱 증가할 것으로 예상된다. 이는 인류가 반드시 극복해야 할 어려운 문제인데, 과학기술의 개발과 적용이 시급하다 하겠다.

04
바다와 대면해서 살아가기

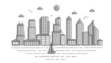

농경지를 망치는
바닷물 침투를 막아라 : 하구둑

우리 인류는 과거에 농경을 시작하면서 정착을 시도하였는데, 오랜 시간이 흐르면서 농사가 잘되는 지역은 큰 강의 하류 부근임을 깨달았다. 강 하류 지역은 상류에서부터 떠내려오는 나뭇잎, 생물의 사체 등 유기물이 풍부하고 영양분을 포함한 퇴적층이 형성되는 곳이다. 낙동강 하구의 삼각주나 한강의 여의도가 대표적인 퇴적지인데, 그 주변이나 강 하류 지역까지도 대부분 비옥한 농토로 활용할 수 있었다.

문제는 이러한 지역을 자연재해로부터 잘 지켜내는 것이었다. 강 하류 지역은 여름철 집중호우로 물에 잠길 수있다. 특히 하류 지역의 농토는 홍수로 일 년 농사를 망쳐버릴 위험이 늘 도사리고 있었다.

사실 하천의 범람 문제는 4대 문명이 그러했듯이 제방을 쌓으면서 해결해 왔다. 하지만 이외에 만조 시에 발생하는 바닷물의 역류도 큰 문제였다. 바닷물은 소금을 머금고 있어서 이것이 역류하면 토양에 소금기가 스며들어농사가 불가능해지기 때문이다.

우리나라의 주요 하천에는 바닷물의 역류를 막기 위한수중보, 곧 하구둑이 있다. 하구둑은 바닷물이 강을 타고상류 방향으로 역류하는 것을 막는 것이 목적이므로 조수간만의 영향을 그대로 받는 강의 하류에 건설한다. 둑 위에는 다리 역할을 할 수 있는 도로를 만들어 양쪽 지역을연결한다.

하구둑을 만들기 위해서는 우선 기초공사가 필요하다.강 하구 유역은 강물에 흘러들어 온 퇴적물이 쌓인 지층이어서 지반이 연약한 까닭에 하구둑 구조물을 단단히 지지할 수 있는 공사부터 해야 한다. 그 위에다 여러 개의 교각을 설치해 가장 중요한 수문 구조물을 지탱할 수 있도록 기본 틀을 만든다. 그런 다음 교각과 교각 사이에 바닷물의 역류를 막고 홍수를 조절할 수 있는 고정 구조물과 가동 구조물을 설치한다. 가동 구조물은 평상시에는 닫혀 있다가 필요할 때 조절 수문 역할을 하게 된다.

이렇게 하구둑의 설치로 생활환경이 좋아지기도 하지만, 자연환경 측면에서는 여러 가지 문제가 생기기도 한다. 최근에는 반드시 필요한 지역 외에는 하구둑을 철거하자는 움직임도 있다. 이는 강 하류에 있는 기수역의 환경적, 생태적 기능 때문이다.

기수역은 바다로 흘러든 강물이 바닷물과 섞이는 곳으로, 오염물질을 정화하는 역할을 한다. 자연의 콩팥 기능을 하는 곳이라 하겠다. 또 바다와 하천의 연결 통로로서 염분 농도가 다양하여 수많은 종류의 생물이 살고 있어 단위면적당 생물다양성과 생산성이 가장 높다. 과학저널 〈네이처〉는 1997년에 기수역의 1제곱킬로미터당 생태적 가치가 연간 2만 2832달러라는 내용을 실은 적이 있다. 이는 농경지 가치의 250배, 갯벌의 2.5배에 이르는 수준이다.

기수역에 하구둑을 설치하면 어떻게 될까? 우선 육지

에서 들어오는 영양염류가 차단되어 어업에 악영향을 미친다. 연어, 숭어와 같은 회유성 어종의 이동을 막아 어업자원이 감소하고, 물의 흐름이 느려져 수질이 나빠진다. 수질이 나빠지면 물속의 용존산소가 부족해져 어류가 살기 어려워진다. 강의 호소화(湖沼化)로 물이 흐르지 않게 되면서 강바닥에 침전물이 쌓여 하천이 기능을 상실하고, 하구둑 안쪽으로 매우 작은 알갱이로 된 물질이 퇴적되어 수질이 더 빠르게 나빠진다.

결국 하구둑 설치는 이렇게 하구 습지를 소멸시켜 스스로 오염물질을 정화할 수 있는 공간을 없애는 것이다. 이제는 국제사회에서도 공공과 민간, 환경단체 등이 협력하여 기능을 상실한 하구둑을 개방하거나 철거함으로써 생태계의 건강성 회복을 위해 노력하고 있다.

우리나라에서 대형 하구둑은 낙동강, 금강, 영산강에 설치되어 있다. 한강에는 대형 하구둑이 아닌 물에 잠긴 소규모 수중보 정도만 설치되어 있는데, 그 덕분에 한강하구의 내륙 쪽 깊숙한 곳에는 간조와 만조의 영향을 직접 받아 갯벌이 형성되어 있다. 이곳은 생물다양성이 풍부하고, 생태계가 잘 보전되어 있어 한강하구 습지보호지

그림 3.1 금강 하구둑

역(장항습지)으로 지정되기도 하였다. 자연환경 문제에도 불구하고 하구둑은 바다와 맞닿은 강 하류 지역에서 농경지를 보호하고, 주변 지역으로 안정적인 물 공급원을 확보하기 위한 중요한 요소임은 틀림이 없다.

바다를 막아
땅을 만들자 : 방조제

우리나라에서 가장 유명한 방조제는 길이 2564미터, 높이 8.5미터, 배수갑문 12개의 아산만방조제라 할 수 있다. 서해로 흐르는 안성천의 하류 일대는 과거 홍수와 가뭄 피해가 반복되던 지역으로 농사 자체가 매우 어려운 지역이었다. 또한 밀물과 썰물로 인한 염해(鹽害; 염분에 의해 농작물이나 토양, 건축물, 시설 등이 입는 피해)와 해안침식으로 사람이 정착하고 거주하기에 매우 열악한 환경으로 역사적으로도 소외된 지역이었다.

하지만 이 지역을 쓸모 있는 땅으로 바꾸기 위해 1971년, 충청남도 아산군(현재 아산시 인주면)과 경기도 평택군(현재 평택시 현덕면)을 잇는 방조제를 착공하여 1974년 5월에 준공하였다. 이로써 1억 2300만 톤의 물을 저장할 수 있는 인공 담수호인 아산호가 생겼다. 아산호의 물 저장량은 경기도와 충청도 일대의 홍수나 가뭄 문제를 모두 해결할 수 있는 수준이었다.

아산만방조제는 우리나라 농경지를 4600헥타르(4600만 제곱미터, 약 1360만 평, 분당신도시의 2배가 넘는 면적)나 늘려서 5만 톤이 넘는 벼 증산 효과를 가져왔다. 그 밖에도 양어·양식 사업의 터전을 마련하였으며, 제방 위에 생긴 너비 12미터 도로는 평택시와 충남 지역의 교통 문제를 개선하면서 관광 명소가 되었다. 이 사업을 계기로 시화호 간척사업, 새만금 간척사업 등 대규모 간척사업이 진행되기도 하였다.

방조제는 밀물과 썰물의 차이가 심한 곳에 주로 건설된다는 점과 지역 간 연결도로로 이용된다는 점에서 하구둑과 비슷해 보이지만, 하구둑은 바닷물 역류 방지가 주목적인 데 비해서 방조제는 해수를 담수화하여 식수를 확보하거나 간석지를 간척하여 새로운 토지를 얻기 위해 건설한다.

그렇다고 방조제가 이점만 있는 것은 아니다. 방조제 건설도 수질을 나쁘게 할 수 있는데, 이를 막기 위해서는 주변 하천에서 들어오는 유기물 또는 오염물질을 막거나 정화해야 한다. 땅이 넓어진 만큼 오염물질도 늘어나게 된다. 새로 얻은 땅에 신도시와 산업단지 등을 개발하면서 더 많은 오염물질이 방조제에 의해 만들어진 인공 담수호로 유입되는 것이다.

인공 담수호의 물은 바다로 흘러가지 않기 때문에 오염물질이 들어오면 수질 악화 문제가 심각한 상황에 이르기도 한다. 이 때문에 방조제를 건설한 원래 목표를 포기하기도 하는데, 시화호 간척사업이 대표적인 예이다. 시화호는 인공호수로 흘러드는 오염물질을 막지 못해 결국 수문을 개방하였다. 식수나 농업용수 등으로 사용할 수 있

그림 3.2 시화호방조제와 조력발전소

는 담수화를 포기함으로써 수질을 개선했던 것이다. 이
사례는 방조제를 건설할 때는 건설 이유도 중요하지만,
주변 하천과 지역에 대한 이해와 관리가 먼저라는 것을
일깨워 주었다.

방조제 건설 대신 다른 방식으로 바다에 땅을 만들 수
도 있다. 이탈리아 북부 지역에 있는 베네치아는 물의 도
시, 수로의 도시로 유명한 세계적인 관광지다. 베네치아
는 중세시대인 5세기, 훈족의 침입을 피해 주민들이 섬이

나 뻘밭으로 도망가 거주지를 만들면서 시작되었다. 인구가 늘어 거주 공간이 부족해지자, 베네치아 사람들은 뻘밭에 말뚝을 세우고 기초공사를 하여 그 위에 수상가옥을 지었다. 갯벌에 수억 개의 말뚝과 돌로 기반을 다진 후 그 위에 건축물을 짓는 방식이다.

베네치아는 주민들의 노력으로 도시가 완성되었으나

그림 3.3 이탈리아의 수로 도시 베네치아의 모습

해마다 해수면이 올라가 평지나 도로였던 곳이 바닷물에 잠겼고, 지금과 같이 수로 형식의 도시 공간 구조가 만들어졌다. 바다를 활용하고 위험 요인을 제거하면서 건설한 수로 도시는 바다 빛깔과 건축물이 아름답게 어우러진 오늘날의 베네치아가 되었다.

파도로부터 항구를 지켜라 : 방파제

자연 상태에서는 모래 해변이나 구멍 뚫린 암석 등이 자연 방파제 역할을 하지만, 연안에 인공적으로 건설한 항구는 그런 기능을 하는 구조물을 따로 만들어주어야 한다. 외해로부터 밀려오는 거친 파도를 막아 항구를 안전하게 보호하려면 인공적인 구조물을 설치할 필요가 있다. 이를 위해 바다에 쌓은 구조물이 방파제이다.

방파제는 해상무역이 크게 늘었던 지중해의 로마제국, 이집트 등 항만 도시에서 만들어지기 시작했다. 초기 재료로는 석재가 주로 사용되었으나, 18세기 들어서면서 석재와 콘크리트를 함께 사용한 혼성 방파제가 세워졌다.

프랑스 네르피크(Neyrpic)사에서 콘크리트 이형 블록인 테트라포드(Tetrapod)를 개발했고, 최근에는 기술이 발달하면서 다양한 형태로 만들어지고 있다.

 방파제 구축은 해양환경과 해양생물의 서식지 파괴를

그림 34-1 방파제 내해와 외해 전경

그림 34-2 방파제 단면도

그림 3.5-1 친환경 부유식 방파제

그림 3.5-2 친환경 부유식 방파제 모식도

불러온다는 논란이 끊임없이 제기되고 있지만, 사람들이
연안을 이용해 살아가기 위해서는 반드시 필요한 요소이
다. 이런 문제를 극복하고자 오늘날은 부유식 방파제나

수중 방파제 기술이 개발되고 있다.

부유식 방파제는 방파제를 바다 표면에 띄워 물의 흐름을 막지 않고 수중 생태계에 영향을 적게 주는 친환경 방파제이다. 고정식 방파제에 비교하면 수심으로 인한 제약이 적고, 시공도 쉬우며 경제적이다.

우리나라에서는 2007년에 설치된 마산 원전항의 부유식 방파제가 대표적인 예인데, 약 5년간의 시공 끝에 길이 60미터, 폭 7.5미터, 무게 300톤의 강판통 4개로 연결된 총 길이 250미터의 친환경 구조물이 만들어졌다.

수중 방파제는 해안가에 발생하는 침식을 막고 어항시설, 바다목장 등을 보호하기 위해 해안선 약 100미터 앞쪽 바닷물 속에 수평으로 설치한 인공 구조물이다. 해안 경관을 해치지 않으면서 모래가 떠내려가지 않도록 해주는 게 장점이지만, 수면 아래에 설치한 콘크리트 구조물을 육안으로 알아보기 어려운 탓에 선박 사고가 일어날 위험이 높다는 단점도 있다. 이를 위해 수중 방파제의 양쪽 끝에 항로표지시설인 조형등표를 달아 수중 방파제의 위치를 알려주고 있다.

그림 36 수중 방파제　　　　　　　　그림 37 조형등표

해안 마을 지킴이 :
해안방풍림

　　　　　　　우리나라 바닷가에 가면 소나무를 흔히 볼 수 있다. 소나무 외에도 여러 종류의 나무들이 바닷가에 숲을 이루고 있는데, 이는 바닷가 사람들이 일부러 조성한 나무숲으로 해안방풍림이라 한다. 바닷가의 방풍림은 어떤 효과가 있을까?

　　방풍림은 말 그대로 바람을 막는 숲이다. 바닷가에 숲이 있으면 바다에서 불어오는 바람 일부는 나무 사이를 통과해 가더라도 대부분은 나무 위로 지나간다. 그러면서 바람의 속도가 줄고 세력도 약화한다. 일찍부터 이러한 효과를 알고 있던 사람들이 바다에서 불어오는 차가운 바닷바람이나 모래바람 그리고 여름 태풍 때 발생하는 해일을 막기 위해 방풍림을 조성하였다.

방풍림은 내륙의 마을과 논밭을 바다로부터 보호해 주어 우리 선조들도 적극적으로 활용하였고, 따라서 역사가 매우 오래되었다. 그 밖에도 방풍림은 파도 소리 등 바닷가에서 나는 각종 소음을 줄여주며, 대기를 정화하는 효과도 있다.

해안방풍림은 가급적이면 해안선 가까이에 조성하고, 중간에 끊어지는 부분이 없도록 연속으로 나무를 심는 것이 중요하다. 방풍림으로 쓸 나무는 키가 크고 성장이 빠르며 바람을 이기는 힘이 큰 종류가 좋다. 따라서 낙엽수보다는 상록수가 좋고, 수명이 긴 침엽수가 더욱 좋다.

우리나라에는 제주도와 서해안을 중심으로 방풍림이 많이 조성되어 있다. 높이 4~10미터에 이르는 삼나무로 조성된 제주도 방풍림은 2012년 태풍 '볼라벤'이 지나갈 때 주요한 역할을 했다. 서해안 해안방풍림은 인천, 서천, 태안 등에 밀집되어 있는데, 과거에 태풍이 제주도를 거

그림 3.8 남해 물건리 방조어부림

처 서해안 방향으로 지나가는 경우가 많았기 때문으로 해석되기도 한다.

경남 남해군 물건리의 해안방풍림인 '물건리 방조어부림'은 남해 방풍림 중 최대 규모의 낙엽활엽수로 이루어진 곳이다. 약 300년 전, 마을 주민들이 농작물과 마을을 보호하고자 조성한 이 방조어부림은 해안선을 따라 길이 약 1500미터, 폭 30미터로 펼쳐져 있다.

방풍림은 강한 바닷바람과 해일을 막는 것 외에도 그늘을 드리워 물고기를 불러들이는 어부림의 역할까지 한다.

이는 자연을 이용하는 선조들의 지혜를 보여주는 것으로 문화적 가치를 인정받아 1962년에 천연기념물(제150호)로 지정되었다. 최근에는 다양한 종류의 나무와 희귀식물들이 한곳에 모여 있는, 살아 있는 식물 교육장으로도 그 몫을 다하고 있다.

05
미래에 살게 될
안전하고 똑똑한 도시

해양도시는 더디게 진화 중

바다와 가까운 연안 지역에는 수많은 사람이 다양한 이유로 생활하고 있다. 바다나 큰 강 주변의 도시는 그 경관을 즐기고 싶은 사람들에게 인기가 많다. 최근에는 바다 경관과 어우러진 첨단도시 건설을 위해 국가 간, 도시 간 경쟁이 치열하다. 하지만 아무리 경관이 뛰어난 곳이라 해도 사람들이 사는 도시에서 가장 중요한 것은 안전이다. 바다는 여러 위험한 자연현상이 일어나는 곳이기도 하기 때문이다.

21세기가 시작된 지 꽤 시간이 흘렀고, 인류의 과학기술이 비약적으로 발달했음에도 연안의 도시들은 여전히 해일이나 해양지진, 태풍, 해무 등 자연재해에 취약하다. 게다가 일부 해변도시는 식수 문제까지 겪는 등 아직 안전한 주거를 위해 풀어야 할 과제가 많다. 그렇다고 해도 문명의 발상지 역할을 했던 강변과 아름다운 해변에서 살고 싶은 인간의 욕구를 막을 수는 없을 것이다. 이 문제를 해결하기 위한 기술도 나날이 발전하고 있다.

해양도시는 언뜻 내륙에 있는 여느 도시들과 비슷해 보이지만, 거대한 자연환경인 바다와 접해 있기에 더 많은 것에 대비하고 다양한 자연현상들에 대응할 수 있어야 한다.

지금까지 해양도시는 내륙에 있는 도시들과 마찬가지로 지하철, 고속철도, 터널, 교량과 같이 국토 건설과 직결되는 기술개발에만 집중해 왔다. 요즈음 건설되는 대부분의 해변도시도 갖춰야 할 기능들을 소홀히 한 채 눈에 보이는 건설 기술만으로 화려함을 뽐내고 있는 것이 현실이다. 많은 나라에서 해양도시를 건설하고 브랜드로 만들며 서로 견주고 있지만, 해양도시만을 위한 고난이도의 다양한 기술개발은 아직도 걸음마 수준이다.

미래 해양도시를 위한
준비와 노력

해양도시가 갖추어야 할 기본적이면서도 중요한 것이 바로 '안전'이다. 자주 발생하지는 않더라도 단 한 번의 재해만으로 해양도시는 엄청난 피해를 입을 수 있다. 게다가 기후변화에 따른 자연재해는 더 잦아질 것으로 예상되며, 이로 인한 피해도 점점 커질 것이다. 따라서 이에 대한 준비가 반드시 되어 있어야 한다. 앞서 소개했던 대표적인 해양도시들도 자연재해에 대한 대비를 하고 있다.

이탈리아의 베네치아는 해수면 상승으로 점점 물에 잠기고 있으며, 최근 기상 상태가 좋지 않을 때는 도시의 중심부까지 바다에 침수되는 일이 자주 발생하고 있다. 기존 방파제로는 도시의 침수 피해를 막기 어려운 것이다.

이에 이탈리아는 새로운 기술로 인공 해상 방벽을 고안해 냈다. 바닷물이 베네치아와 연결되는 수로 입구에 해상 방벽을 설치하는 이 공사에는 8조 원이라는 천문학적 비용이 들어갔고, 건설 기간만 약 17년이 걸렸다. 이 해상 방벽은 평소에는 바다 밑에 잠겨 있어 배가 자유롭게 통

방벽 내부에 압축 공기를 주입해
부력으로 일으켜 세움

그림 39 인공 해상 방벽의 작동원리

행하고 바닷물 유입도 원활하다는 특징이 있다. 그러다가
도심이 침수될 위험에 처하면 방벽이 해수면 위로 올라와
최대 3미터 높이의 조수를 막아준다. 2020년 7월에 시험
가동을 거쳐 그해 10월에 처음 실전 가동되었다.

미래 해양도시를 대비한 기술개발의 하나로 인공섬도
있다. 인공섬을 만드는 방식에는 크게 두 가지가 있는데,
하나는 이전부터 해오던 매립식 방식, 다른 하나는 바다
위에 인위적으로 섬을 만들어 띄우는 부유식 방식이다.
매립식 방식은 부산 해운대 마린시티와 같이 연안의 국
토 면적을 좀 더 확장해서 쓰고자 오랜 기간 이용해 왔지

만, 최근에는 해양환경과 해양생태계 훼손에 대한 논란을 피하고 기후변화와 해수면 상승에 대비하고자 부유식 방식을 보다 적극적으로 활용하고 있다.

덴마크의 수도 코펜하겐 앞바다에 면적 약 2.6제곱킬로미터(축구장 400개를 합친 넓이)로 인구 3만 5000명을 수용할 수 있는 거대한 주거형 인공섬 '리네트홀름'은 매립식 방식의 인공섬으로 현재 한창 조성 중에 있다.

그림 40 덴마크 코펜하겐 앞바다의 리네트홀름 인공섬 계획안

사실 이 인공섬 건설로 자연환경 파괴 논란이 끊이지 않고 있다. 하지만 코펜하겐은 도시 특성상 바다와 연결된 수로와 운하가 시내 곳곳을 관통하고 있어 해수면 상승으로 인한 재해가 도시의 미래를 가늠하는 중요한 문제가 되고 있다.

이러한 이유로 덴마크 정부는 '리네트홀름'을 건설하는 것이며, 이 인공섬을 방파제 삼아 코펜하겐 시내를 보호하겠다는 구상으로 흔들림 없이 진행하고 있다. 인공섬 주변 가장자리에는 댐과 유사한 기능의 방어막을 세워 섬 자체의 침수 피해를 막을 수 있도록 계획하였는데, 건설이 마무리되기까지는 50년 정도 걸릴 것으로 예측하고 있다.

부유식 방식을 활용한 인공섬은 세계 곳곳에서 다양한 형태로 조성 중에 있다. 미국 뉴욕 허드슨강에 있는 수상공원 '리틀아일랜드'는 2013년 허리케인으로 1900년대에 지어진 부두 '피어 54(Pier 54)'가 피해를 입은 후 복구 사업의 일환으로 건설되었다.

공원인 인공섬과 육지는 두 개의 다리로 연결되어 있으며, 섬의 끝부분은 나팔 모양의 250~300여 개 콘크리트 기둥이 이 섬을 물 위로 떠받치고 있다. 수면에서 약

그림 41 뉴옥 '리틀아일랜드' 전경

4.5~18.8미터 위에 만들어진 이 공원의 면적은 1만 제곱미터(상암 축구장 크기의 1.5배)이고, 700석 규모의 원형극장과 200석 규모의 무대, 중앙에는 3500여 명을 수용할 수 있는 야외 공간이 마련되어 있어 허드슨강의 명물로 자리 잡고 있다.

우리나라에도 부체(浮體) 위에 건물을 지어 조성한 인공섬이 있다. 2006년 시민 아이디어 공모를 통해 서울의 중심인 한강에 색다른 수변 문화를 체험할 수 있는 상징물을 만들어보자는 의도로 시작되어 2011년 복합문화시설 '세빛섬'이 탄생했다.

그림 42 세빛섬의 야경

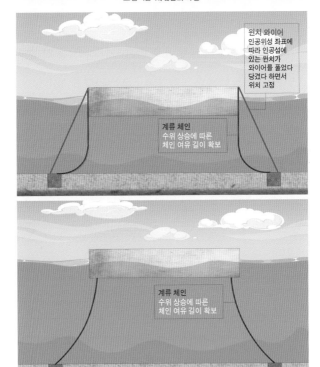

윈치 와이어
인공위성 좌표에
따라 인공섬에
있는 윈치가
와이어를 풀었다
당겼다 하면서
위치 고정

계류 체인
수위 상승에 따른
체인 여유 길이 확보

계류 체인
수위 상승에 따른
체인 여유 길이 확보

그림 43 세빛섬의 계류 안전 시스템(위는 평상시, 아래는 수위 상승 시)

세빛섬에는 세계 최초로 플로팅 건축 기술이 적용되었다. 플로팅 기술은 부유식 함체 위에 구조물을 올리는 것으로 장마철에 수위가 올라가도 물에 잠기지 않고, GPS(Global Positioning System; GPS 위성에서 보내는 신호를 받아 현재 위치를 계산하는 위성위치확인시스템)를 이용해 건물의 수상 위치를 일정하게 유지할 수 있다.

부유식 인공섬 건설에 가장 적극적인 나라 중 하나가 네덜란드이다. 네덜란드 해양연구소는 거대한 삼각형 모양의 플로팅 모듈 87개를 연결한 지름 5.1킬로미터의 부유식 인공섬 건설을 계획 중에 있다. 이 섬에는 주택과 공원, 항구는 물론이고 식량을 자체적으로 생산할 수 있는 해양 양식 모듈을 비롯해 전력 문제 해결을 위한 조력, 풍력, 태양광 등 친환경 에너지를 사용하는 모듈도 계획되어 있다.

스마트 해양 기술개발 착수

최근 들어 미래 기후변화와 해수면 상승에 대비한 기술개발 연구가 활발해졌다. 이전까지의 연구개발은 자연재해로 사고가 발생했을 때 빠르게 대응할 수 있는 방안에 초점을 두었다. 하지만 정보통신기술이 발달한 지금은 자연환경과 기상 상태의 변화를 시시각각 관찰하여 자연재해 발생을 예측하고 대비하는 데 힘을 쓰고 있다. 전보다 더 똑똑하게 자연재해에 맞서는 스마트 해양 기술을 개발하는 것이다.

해양과 대기를 연구하는 미국 국립해양대기국(NOAA; The National Oceanic and Atmospheric Administration(U.S. Department of Commerce)은 해수면이 올라갈 때 연안 지역이 물에 잠기는 모습을 시뮬레이션한 정보와 서비스를 제공한다. 정밀도와 정확성 면에서 아직 한계가 있지만 실제의 지형 모습과 일치시키고, 계속 달라지는 태풍, 조수 변화와 같은 정보를 연계·통합하면서 기술 수준을 높이고 있다.

미국 NOAA와 USGS(The United States Geological Survey, 미국지질조사국)는 GIS(Geographic Information System; 지역에서 수집한 각종 지리정보를 수치화하여 컴퓨터에 입력하고 이를 사용자의 요구에 따라 다양한 방법으로 가공·분석하여 활용하는 첨단 지리정보시스템)를 기반으로 해양 정보제공시스템을 구축하여 태풍(허리케인)의 경로를 예측하고, 태풍이 발생할 경우 어느 지역이 침수 또는 범람할 것인지 예상해서 알려주며 대피 경로도 더불어 제공하고 있다.

최근에는 보다 효과적으로 정보를 수집하고 재해 발생 전 정보를 제공받아 대응할 수 있도록 개인이 가진 스마트 기기와 연동하는 기술도 개발하여 실제 유용하게 활용하고 있다.

또 한편으로는 허리케인 경로예측정보를 지리정보시스템(GIS)과 연계하여 바람의 경로와 등급을 예측하고 침수 취약 지역을 보여주는 서비스를 제공하기도 한다. 아직은 기초 정보에 불과한 수준이지만, 특히 허리케인 발

그림 44 뉴욕 해수면 상승 시뮬레이션

폭풍해일 침수:
높이

■ 지상에서
   3피트까지

   지상에서
   3피트 이상

■ 지상에서
   6피트 이상

■ 지상에서
   9피트 이상

그림 45 허리케인 정보제공시스템

원지와 가깝고 피해가 잦은 미국 동남부 지역민들에게는
사전 대비를 가능하게 해주는 매우 유용한 정보이다.

  우리나라도 해양과 연안의 다양한 정보를 통합하여 대
국민 서비스 체계로 개선하고자 2016년부터 연안 관리정
보시스템을 구축하여 시범적으로 운영하고 있다. 항공사
진, 위성영상과 같은 공간 정보에 수심, 해저지형, 해빈(海
濱)침식, 연안 시설물 등의 정보를 추가함으로써 연안의
현황과 변화 모습을 쉽게 알아볼 수 있도록 하는 서비스
를 제공한다.

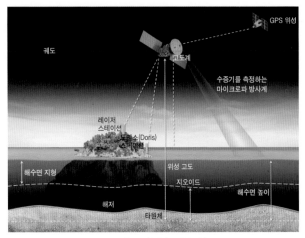

그림 46 위성을 이용한 해수면 상승 관측 체계도

좀 더 넓은 지역의 해양환경을 관측하기 위하여 우리나라도 2010년과 2020년, 두 차례 위성을 발사하였다. 2020년에 발사된 천리안 2호 인공위성은 한반도 전체를 2분 간격으로 실시간 관측할 수 있어 위험한 기상재해를 예측하는 데 유용하다. 또한 이산화황과 오존 등 대기오염물질도 실시간으로 관측하여 미세먼지가 발생하는 곳을 밝혀낼 것으로 기대되고 있다.

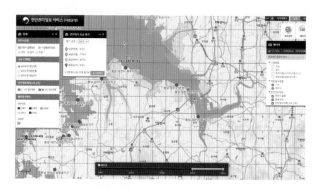

그림 47 연안 관리정보시스템이 제공하는 부산 낙동강하구 일대의 정보

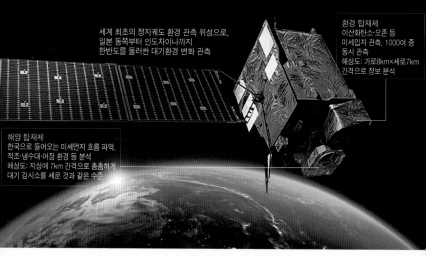

세계 최초의 정지궤도 환경 관측 위성으로,
일본 동쪽부터 인도차이나까지
한반도를 둘러싼 대기환경 변화 관측

환경 탑재체
이산화탄소·오존 등
미세입자 관측, 1000여 종
동시 관측
해상도: 가로8km×세로7km
간격으로 정보 분석

해양 탑재체
한국으로 들어오는 미세먼지 흐름 파악.
적조·냉수대·어장 환경 등 분석
해상도: 지상에 7km 간격으로 촘촘하게
대기 감시소를 세운 것과 같은 수준

그림 48 천리안 2호기(B)의 모습과 기능

미래 해양도시 청사진

끊임없는 노력에도 불구하고 바다는 우리 인류에게 아직 미지의 세계로 남아 있다. 그렇기에 우리는 바다에 대한 다양한 상상력을 발휘해 볼 수 있다. 과학기술은 점점 더 발달하겠지만 기후변화로 인해 지구의 육지 환경은 척박해질 것이다. 현재도 세계 인구의 약 30퍼센트인 24억 명이 해안지대에 거주하고, 세계 대도시들은 상당수가 바다를 끼고 있다. 그렇다면 어떻게 해야 할까?

가장 쉬운 방법은 아마도 SF영화(〈어비스〉나 〈아쿠아맨〉 등)에 자주 등장하는 것처럼 항온 환경을 유지하며 외부의 다양한 위험으로부터 보호 받을 수 있는 바다 속에서 생활하는 것을 생각할 수 있다.

이러한 변화가 먼 미래의 일만은 아니다. 지금 우리가 살고 있는 도시도 변하고 있다. 건설과 정보통신기술이 만나 다양한 도시문제를 해결하고, 기후변화에 대응하기 위해 스마트시티(Smart City)로 변신 중에 있다. 사실 전 세계적으로 스마트시티 건설을 위한 노력이 본격화한 것은 최근 약 5년 사이의 일이다.

그러나 변화 속도는 굉장히 빠르다. 숫자, 문자, 기호 등 정형화한 정보뿐 아니라 움직임, 목소리, 감정과 같이 비정형적인 일상 정보까지 모두 데이터화하는 빅데이터 기술이 보편화하고 있고, 대용량의 정보도 빠르고 편리하게 주고받을 수 있도록 차세대 통신기술이 개발되면서 지능정보화 사회가 앞당겨지고 있다.

도시 내 이동 문제에 대비한 자동차 자율주행기술은 점점 완벽해지고 있으며, 드론과 같은 새로운 무인비행체 기술을 개발하여 목적에 최적화한 제품을 만들고 있다. 인공 지능형 로봇을 개발하여 매장 내 주문·배달과 같은

해양 스마트 안전 도시는 해양과 연안 곳곳에 설치된 각종 관측 장비(스마트센서, 스마트CCTV)와 자율 지능형 드론(수중·수면·공중)이 시시각각 해양안전통합플랫폼으로 정보를 보내고, 해양안전통합플랫폼으로 모인 빅데이터는 통계자료를 토대로 학습된 인공지능기술로 수일 이내에 닥칠 태풍과 호우, 이로 인한 연안 침수를 정확하게 예측한다.

이 예측 정보는 우선 스마트 저류시설에 보내져 기존에 저장되어 있던 저류조 내 물을 비워내고, 폭우와 침수 범람에 대비한다. 평소 해안 경관을 감상하는 데크나 보행로 등으로 사용되던 시설은 방재시설로 스마트하게 변하여 장착된다.

시민들에게 전달된 정보는 연안 인근 지역 방문 계획을 조정하게 하고, 안전한 이동 수단과 이동 시간대를 결정하게 하며, 가정에서의 대비책 점검 등에 도움을 준다. 공공기관으로 전해진 정보는 다양한 의사결정을 지원한다.

단순 서비스에서 의료와 같은 고차원적 서비스까지 시도되는 등 활용 분야도 점점 늘어나고 있다. 가상증강현실(VR·AR) 기술을 통해 현실에 존재하지 않는 가상 정보를 이용한 고차원적 경험도 가능해지고 있다. 도시가 점점 똑똑해지고 있는 셈이다.

전 세계적으로 스마트 기술이 해양도시에 완전히 접목된 사례는 아직 없다. 스마트시티는 한창 진화하는 중이고, 완성도를 높이려면 좀 더 시간이 필요하기 때문이다. 그렇다면 해양도시가 더욱 똑똑해지기 위해서 어떤 것들을 갖추어야 할까?

우선 급격하게 진행되는 기후변화 현상과 해수면 상승, 자연재해 위협에 빠르게 대비할 수 있는 스마트 해양 기술이 그 바탕이 되어야 한다. 지금 당장은 구체적으로 나열하기 어렵지만, 적어도 해양과 맞닿아 있어 언제 어디서 들이닥칠지 모를 자연재해를 가급적 빨리 예측하고 대처하며 재난 사고에서 지능 정보를 이용할 수 있는 스마트 해양 기술의 개발과 시스템 구축이 필요하다는 의미이다. 미래 해양도시가 실존하기 위한 전제 조건은 바로 안전이기 때문이다.

친환경 에너지

CCTV

스마트빌딩

스마트에코

스마트에너지

스마트오피스

CCTV

CCTV

스마트팜

스마트에너지

스마트모빌리티

스마트홈

스마트홈

CCTV

가변형 방재시설

해양안전플랫폼

스마트관리

스마트에너지

스마트홈

그린워터프론트

스마트센서

친환경 에너지

집중호우
(위성)

스마트물류

태풍
(위성)

교량안전
(수상+수중 센서)

해무
(드론+수상 센서)

그림 49 해양 스마트 안전도시 청사진

앞으로 스마트 해양도시를 성공적으로 건설하려면 지금부터 많은 관심을 갖고 고민해야 한다. 안전하고 똑똑해진 과학기술을 적용할 수 있다면, 분명 우리나라는 세계적인 해양도시를 갖추게 될 것이다.

그림 출처

그림 3-1, 3-2 IR Stone/ Shutterstock.com

그림 4 구글 지도 제공

그림 10-1, 10-2 Mike Fuchslocher/ Shutterstock.com

그림 18, 19, 21 Shutterstock.com

그림 22 Fly_and_Dive/ Shutterstock.com

그림 23 KoreaKHW/ Shutterstock.com

그림 24 pixabay.com

그림 25 두리시스템 제공

그림 26 The Mariner 4291/ Shutterstock.com

그림 29 Chiara Sakuwa/ Shutterstock.com

그림 30 Shutterstock.com

그림 31 한국관광공사 제공(공공누리 제1유형)

그림 32 sajinnamu/ Shutterstock.com

그림 34-1, 34-2 ㈜디엘이앤씨 제공

그림 37 부산지방해양항만청 제공

그림 38 문화재청 국가문화유산포털 제공(공공누리 제1유형)

그림 39 Shutterstock.com

그림 40 byoghavn.dk/lynetteholm(cc-by 2.0)

그림 41 Shutterstock.com

그림 42 pixabay.com

그림 44, 45, 46 noaa.gov & usgs.gov

그림 48 한국항공우주연구원 제공

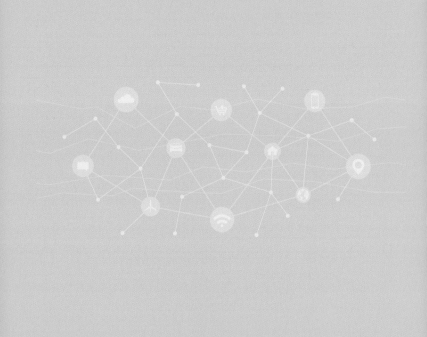